Karen Del Pilar Yáñez Arellano

# Residuos de neonicotinoides y espinosad en cera y polen

Karen Del Pilar Yáñez Arellano

# Residuos de neonicotinoides y espinosad en cera y polen

## Determinación por LC-ESI-MS

PUBLICIA

**Impressum / Aviso legal**
Bibliografische Information der Deutschen Nationalbibliothek: Die Deutsche Nationalbibliothek verzeichnet diese Publikation in der Deutschen Nationalbibliografie; detaillierte bibliografische Daten sind im Internet über http://dnb.d-nb.de abrufbar.


Información bibliográfica de la Deutsche Nationalbibliothek: La Deutsche Nationalbibliothek clasifica esta publicación en la Deutsche Nationalbibliografie; los datos bibliográficos detallados están disponibles en internet en http://dnb.d-nb.de.


Coverbild / Imagen de portada: www.ingimage.com

Verlag / Editorial:
PUBLICIA
ist ein Imprint der / es una marca de
ICS Morebooks! Marketing SRL
4, Industriala street, 3100 Balti, Republic of Moldova
Email / Correo Electrónico: info@omniscriptum.com

Herstellung: siehe letzte Seite /
Publicado en: consulte la última página
**ISBN: 978-3-639-64870-6**

Zugl. / Aprobado por: Valladolid, Universidad de Valladolid, Tesis Doctoral 2015.

Mis agradecimientos:

A la Unión Europea, por concederme la Beca Erasmus Mundus, a través del proyecto VECCEU, para la realización de mi doctorado.

La experimentación recogida en esta memoria ha sido llevada a cabo en los laboratorios del grupo TESEA en el Instituto CINQUIMA de la Universidad de Valladolid.

Para la realización de la investigación recogida en esta Memoria se ha contado con la ayuda económica aportada por el Ministerio Español de Economía y Competitividad-Instituto Nacional de Investigación Agraria y alimentaria (INIA) a través de los Proyectos RTA2012-0076-CO2-02 y, principalmente, RTA 2013-0042-C10-03, complementado con la aportación del Plan Apícola Nacional a través de la Junta de Castilla y León.

Ambos proyectos se dedican a la parte analítica pero también se precisan ensayos de campo que han sido realizados en el Centro Apícola Regional (CAR) de Marchamalo (Guadalajara) sin cuyo personal, laboratorios y campos experimentales no hubiera sido posible llevar a cabo gran parte de la investigación aquí presentada.

Las muestras analizadas han sido suministradas por el Centro Apícola Regional (CAR) de la Junta de Comunidades de Castilla La Mancha en Marchamalo (Guadalajara) y por la Profesora Pilar de la Rúa de la Universidad de Murcia.

A todos ellos nuestro más sincero agradecimiento

*“Si las abejas desaparecieran de la superficie de la tierra, al hombre sólo le quedarían cuatro años de vida. Sin abejas no hay polinización, ni hierba, ni animales, ni hombres".*

*Albert Einstein*

# *AGRADECIMIENTOS*

En primer lugar, quiero agradecer a Dios por darme la oportunidad de realizar mis estudios de doctorado.

A mi gran compañero Marcelo, quien estuvo presente en cada momento de este gran desafío. Sin su incondicional apoyo, nada de esto habría sido posible.

A mi familia y en especial a mi madre, porque siempre confiaron en mí y porque a pesar de la distancia, siempre estuvieron presentes, con una llamada y una palabra de aliento.

A José Luis, por recibirme en su grupo de trabajo y proporcionarme todo lo necesario para realizar investigación de calidad. A Maite, por enseñarme y guiarme en cada una de las etapas de mi investigación. A Pepe, por su enorme ayuda en la publicación de mis resultados. A Susy y Laura, por la preocupación que siempre mostraron con respecto a mi trabajo.

A Pili, Alma, Carlos y sus respectivas familias, porque más que compañeros de laboratorio, fueron los amigos que llenaron el vacío propio de la distancia de nuestro país y nuestras familias.

A Ernes, Ana y Esther, por la ayuda prestada cada vez que la necesité.

A Joana, Yolanda y Ester, por los gratos momentos vividos.

Finalmente a mi amada hija Ainhoa, porque su sola presencia me motiva a seguir cada día.

# ÍNDICE

**I. INTRODUCCIÓN** 1

**II. ANTECEDENTES Y ESTADO ACTUAL DEL TEMA** 7

II.1.INTRODUCCION 9
II.2. LOS NEONICOTINOIDES 11
II.3. LAS ESPINOSINAS COMO BIOPESTICIDAS 16
II.4. ABEJAS: BIOINDICADORES AMBIENTALES 17

**III. OBJETIVOS** 19

**IV .PARTE EXPERIMENTAL** 23

IV.1. EQUIPO CROMATOGRÁFICO 25
IV.2 MÉTODO MULTIRESIDUO PARA NEONICOTINOIDES 29
IV.2.1. Introducción 29
IV.2.2. Materiales y reactivos 39
IV.2.2.1. Columna cromatográfica 39
IV.2.2.2. Reactivos y disolventes 39
IV.2.2.3. Equipos y material adicionales 40
IV.2.3. Ensayos preliminares 41
IV.2.3.1. Condiciones para la detección 41
IV.2.3.2. Condiciones para la separación 46
IV.2.3.2.1 Composición y flujo de fase móvil 46
IV.2.3.2.2. Temperatura de la columna 50
IV.2.3.2.3 Volumen de inyección 52
IV.2.3.3. Condiciones cromatográficas seleccionadas 52
IV.2.3.4. Estabilidad de los compuestos en disolucion 53
IV.3. DETERMINACION DE NEONICOTINOIDES EN CERA 61
IV.3.1. Tratamiento de muestra 61
IV.3.2. Validación del método 78
IV.3.2.1. Selectividad 78

IV.3.2.2. Límite de detección y cuantificación 79
IV.3.2.3. Linealidad y efecto matriz 80
IV.3.2.4. Precisión y exactitud 83
IV.3.3. Aplicación del método 86
IV.3.4 Persistencia de neonicotinoides en cera 90
IV.3.4.1. Introducción 90
IV.3.4.2 Evaluación de la persistencia 91
IV.3.5 Eficacia de los procedimientos de limpieza de ceras y blanqueamiento de ceras de abejas 107
IV.3.5.1. Introducción 107
IV.3.5.2 Estudio de la eficacia de los procedimientos de limpieza y blanqueamiento de ceras 111
IV.4.DETERMINACION DE NEONICOTINOIDES EN POLEN 121
IV.4.1. Introducción 121
IV.4.2. Tratamiento de muestra 122
IV.4.3. Validación del método 130
IV.4.3.1. Selectividad 130
IV.4.3.2. Límite de detección y cuantificación 131
IV.4.3.3. Linealidad y efecto matriz 132
IV.4.3.4. Precisión y exactitud 134
IV.4.4. Aplicación del método 137
IV.4.5 Persistencia de neonicotinoides en polen corbicular y pan de abeja 141
IV.5. OBSERVACIONES DETERMINACION NEONICOTINOIDES 155
IV.5.1. Generales 155
IV.5.2. En cera de abeja 156
IV.5.1. En polen apicola 157
IV.6. DETERMINACIÓN DE IMIDACLOPRIDA EN CERA 159
IV.6.1. Introducción 159
IV.6.2. Condiciones cromatográficas 164

IV.6.2.1. Composición de la fase móvil 165
IV.6.2.2. Temperatura de la columna 166
IV.6.2.3. Volumen de inyección 167
IV.6.2.4. Condiciones para la detección 169
IV.6.3. Tratamiento de muestra 170
IV.6.4. Estabilidad de imidacloprida en agua/metanol 174
IV.6.5. Validación del método 176
IV.6.5.1. Selectividad 177
IV.6.5.2. Límite de detección y cuantificación 177
IV.6.5.3. Linealidad y efecto matriz 178
IV.6.5.4. Precisión y exactitud 179
IV.6.6. Aplicación del método 180
IV.6.7. Observaciones 182
IV.7. DETERMINACIÓN DE ESPINOSINAS A Y D 185
IV.7.1. Introducción 185
IV.7.2. Materiales y reactivos 189
IV.7.2.1. Reactivos y disolventes 189
IV.7.2.3. Equipos adicionales 189
IV.7.3. Condiciones cromatográficas 190
IV.7.3.1. Condiciones para la detección 190
IV.7.3.2. Columna cromatográfica 193
IV.7.3.3. Composición de la fase móvil 193
IV.7.3.4. Flujo de la fase móvil 195
IV.7.3.5. Temperatura de la columna 195
IV.7.3.6. Volumen de inyección 190
IV.7.4. Determinación de espinosad en cera 199
IV.7.4.1. Tratamiento de muestra 199
IV.7.4.2. Validación del método 203
IV.7.4.2.1. Selectividad 203
IV.7.4.2.2. Límite de detección y cuantificación 204

IV.7.4.2.3. Linealidad y efecto matriz 205
IV.7.4.2.4. Precisión y exactitud 206
IV.7.4.3. Aplicación del método 208
IV.7.5. Determinación de espinosad en polen 209
IV.7.5.1. Tratamiento de muestra 209
IV.7.5.2. Validación del método 212
IV.7.5.2.1. Selectividad 212
IV.7.5.2.2. Límite de detección y cuantificación 213
IV.7.5.2.3. Linealidad y efecto matriz 214
IV.7.5.2.4. Precisión y exactitud 215
IV.7.5.3. Aplicación del método 217
IV.7.6. Observaciones 218

**V. CONCLUSIONES** 221

**VI. BIBLIOGRAFÍA** 227

**VII. ABREVIATURAS** 265

# I. INTRODUCCIÓN

Las abejas y otros insectos polinizadores juegan un papel crucial en la producción de alimentos, alrededor de un tercio de los cultivos alimentarios del mundo dependen directamente de la polinización natural de las abejas y otros insectos. A ello debe añadirse su función de mantenimiento de la biodiversidad, el asentamiento de población en zonas desfavorecidas y otros muchos aspectos beneficiados por la presencia de abejas.

Lamentablemente y desde comienzos de esta centuria se ha apreciado a nivel mundial una notable y creciente disminución del número de individuos y colmenas, este fenómeno, conocido inicialmente como "Síndrome de Despoblamiento de las Colmenas" o "Trastorno del Colapso de las Colmenas", ha dado origen a una gran preocupación socioeconómica y medioambiental, habiéndose propuesto numerosos estudios y dado numerosas opiniones para explicarlo y, en su caso, tratar de revertir la situación que realmente es alarmante. Este tipo de situaciones propicia la aparición de diversas teorías con bandos muy enfrentados que, en muchos casos, obedecen a razones económicas, políticas u otras en su mayoría no asentadas sobre base científica. Han sido pues muchas las causas que se han indicado para explicar dicho fenómeno, tales como la sequía, el estrés provocado por el desplazamiento de las colonias, la perdida de hábitat, distintas plagas, estrés nutricional, los teléfonos móviles y un largo etcétera. Realmente hoy se admite por los científicos que es un fenómeno multifactorial entre los que se destaca la exposición de las abejas a pesticidas sistémicos como la imidacloprida así como a distintas infecciones que afectan a estos insectos, siendo el más destacado el microsporidio *Nosema ceranae*; indicándose en este caso que aparece un efecto sinérgico entre ambos factores que conduce a un estado inmunodepresivo de los insectos que implica una muerte masiva de abejas melíferas.

Obviamente existen otros factores a tener en cuenta entre los que conviene destacar el tratamiento y manipulación inadecuada de las colmenas, al que no suele dársele importancia por razones poco convincentes o poco convenientes. También se trata de generalizar datos obtenidos en lugares donde la agricultura se realiza en grandes áreas y se precisa la fumigación aérea con el consiguiente riesgo para otras especies vegetales y animales, situación no habitual en España; donde tampoco se hace un cultivo extensivo de transgénicos que podrían contribuir a alterar el comportamiento, en fin muchas causas probables, muchas explicaciones, pero el hecho constatado es que en España en los últimos años se ha perdido más del 30% de las colmenas y las que sobreviven tienen una producción muy reducida.

Ante esa situación alarmante hay una explicación que goza de numerosos adeptos: achacar el efecto a los plaguicidas y en especial a los nuevos insecticidas derivados de la nicotina- los neonicotinoides- el movimiento ha provocado que la Unión Europea, en Julio de 2013, haya suspendido cautelarmente el uso de semillas tratadas tanto con fipronil como con imidacloprida, tiametoxan y clotianidina, regulación que entró en vigor a finales de 2013. En USA hay también una tendencia a atribuir el colapso de las colmenas a estos compuestos denominándoles genéricamente "neonics".

Obviamente para comprobar la incidencia de este factor debe disponerse de metodología analítica que permita el conocimiento de la cantidad de residuos posibles en los productos apícolas. Nosotros nos hemos centrado en el polen como alimento básico de la colmena y la cera como reservorio que podría liberar paulatinamente las cantidades aportadas, ambos serían buenos indicadores de la presencia y uso de esos insecticidas de 2ªy 3ª generación, a los que hemos añadido otro insecticida, de creciente empleo por su condición de producto natural , el espinosad, con mucha aceptación en la llamada agricultura orgánica (ecológica), y que parece ser que en Hispanoamérica están empezando a aparecer problemas después de su fumigación.

Dadas las características físico-químicas de los compuestos involucrados y las cantidades mínimas a evaluar hemos pensado que la cromatografía líquida con detección espectrométrica de masas podría ser una alternativa viable, por lo que se ha desarrollado la investigación conducente al análisis multirresiduo de un grupo numeroso de neonicotinoides, prestando posteriormente una especial atención a la imidacloprida por ser la más cuestionada en estos momentos, se ha aplicado a polen corbicular y a cera, sobre muestras dopadas para posteriormente analizar muestras provenientes de zonas donde podrían haberse empleado. Un tratamiento totalmente similar se ha realizado para el caso del espinosad.

Por último y una vez puesto a punto el método analítico para neonicotinoides, se han desarrollado dos aplicaciones que permiten evaluar la persistencia de estos pesticidas en ceras y pólenes. La primera de ellas considera la necesidad que tiene la industria apícola de reutilizar, limpiar y blanquear cera de abejas para su posterior empleo como fundación o comercialización, por lo que se ha examinado la eficacia de los procedimientos de limpieza y blanqueamiento de ceras aplicados comúnmente por apicultores. En cuanto a la segunda aplicación, ésta ha consistido en evaluar la persistencia de neonicotinoides en ceras y pólenes almacenados bajo distintas condiciones de luz y temperatura.

# *II. ANTECEDENTES Y ESTADO ACTUAL DEL TEMA*

## II.1. INTRODUCCIÓN

Las abejas son consideradas uno de los insectos más importantes de todo el mundo, esto es debido a que han sido identificadas como las principales y más eficaces polinizadores de una gran cantidad de cultivos y plantas silvestres,[1] contribuyendo a la mejora de la calidad de cultivos, mayor producción de semillas, forraje y alimentos en general,[2-4] beneficios que además se pueden traducir en importantes cifras económicas que hacen que los cultivos polinizados tengan un valor mucho más elevado frente a aquellos que no dependen de la polinización.[5]

En cuanto a la actividad productiva que se genera en torno a estos insectos, las abejas también cumplen un rol muy importante, ya que la apicultura contribuye con el desarrollo económico de zonas rurales, donde otras actividades no pueden prosperar, destacándose por la producción de miel, polen, cera, propóleo y jalea real, todos productos naturales cada vez más valorados por el consumidor, más aún si se piensa en que es uno de los pocos modelos de producción sostenible y respetuosa con el medio ambiente.[4,6,7]

Lamentablemente a partir de las últimas décadas se ha detectado una importante disminución de abejas en todo el mundo,[8,9] fenómeno que fue notificado por primera vez el año 2006, cuando Estados Unidos registró la pérdida de más de la tercera parte de sus colonias de abejas,[10-12] caso al que además se suma Europa, que presentó una situación similar con pérdidas incluso mayores en diversos países del continente.[13-15] Dicho fenómeno más conocido en inglés como Colony Collapse Disorder (CCD) o Síndrome de despoblamiento de las colmenas, se caracteriza porque las abejas obreras dejan la colmena y no vuelven a ella, muriendo en las cercanías del lugar, mientras que el resto de la población, abejas adultas, crías y reina, permanecen en la colmena, de las cuales, las primeras presentan debilitamiento del sistema inmunológico y en cambio las dos últimas están aparentemente saludables,[17] como consecuencia y una vez que la colmena está totalmente debilitada, ésta sufre, por ejemplo, la invasión de la polilla de la cera (*Galleria mellonella)*, del pequeño escarabajo de la colmena *(Aethina tumida)* o cleptoparasitismo, que consiste en el robo parasitario de colmenas vecinas.[18]

En cuanto a los factores a los que se atribuye tal fenómeno, hay estudios en los cuales se han considerado incluso más de 60 variables que pueden influir en la perdida de las abejas[18], con factores tan variados que van desde estudiar la presencia de ácaros[19] y microorganismos como bacterias, virus y distintas especies de microsporidios ,[20-23] hasta mala nutrición de la colmena, exposición a pesticidas,[24-27] malas prácticas apícolas, cambios climáticos,[28] sequías o lluvias extremas[29] entre otros, donde la mayoría de dichos estudios, concluye que el despoblamiento de las colmenas se debe principalmente a una suma de factores o sinergismo entre ellos.[15,18,24-30]

A pesar de que la hipótesis más aceptada es aquella que considera múltiples variables, uno de los factores que más relevancia tiene a juicio de determinados grupos, organizaciones e incluso países, es la exposición a los pesticidas, indicando que aunque las abejas no están expuestas a dosis letales, estos compuestos causan importantes efectos, tanto a las abejas adultas, como a las crías en desarrollo.

Baste señalar la información aparecida en EU Times el 10/05/2013 donde se indica: *Rusia advierte a Obama: la batalla global sobre el "apocalipsis de la abeja "se acerca*, mostrando una extrema indignación con la protección continua hacia los gigantes mundiales de la biogenética, Syngenta y Monsanto. En el centro de la disputa se encuentra la "indiscutible evidencia" de que un tipo de insecticidas neuro-activos relacionados con la nicotina está destruyendo la población de abejas de nuestro planeta.

Ese mismo mes en Le Monde (03/05/2013) se da cuenta de la "victoria" para el mundo apícola y las organizaciones de defensa del medio ambiente, lograda tras la suspensión cautelar, por dos años a partir de Diciembre de 2013, del empleo de Gaucho, Cruiser y Poncho (nombres comerciales para productos con neonicotinoides), incluso indican que la decisión es tardía y pusilánime. Contrasta obviamente con las investigaciones, en este caso de grupos franceses, que indican que no es la causa más probable ni la más importante.

Existe y se mantiene pues una controversia al respecto y que para bien de todos es de esperar se consiga al fin resolver el problema sin importar quien tiene más razón.

## II.2. LOS NEONICOTINOIDES

Uno de los grupos de pesticidas que más interés ha generado los últimos veinte años y ha sido señalado como uno de los principales factores responsable del despoblamiento de las colmenas ha sido la familia de los neonicotinoides, dentro de los cuales la imidacloprida ha llegado a ser el insecticida más utilizado en todo el mundo, que desde su introducción en el mercado el año 1991 hasta la fecha, se encuentra registrado en 120 países con más de 140 usos agrícolas distintos y con ventas cercanas a los $1091 millones de dólares el año 2009.[31] Pero este no es el único compuesto exitoso, ya que en los siguientes diez años se han introducido al mercado otros seis neonicotinoides: acetamiprida y nitenpyram en el año 1995, tres años más tarde el tiametoxam, tiaclоprida en el año 2000, clotianidina y dinotefuran, en los años 2001 y 2002, respectivamente.[32]

Según su estructura, estos se clasifican en tres generaciones distintas, la primera, formada por acetamiprida, imidacloprida, nitenpyram y tiacloprida, cuya característica estructural es un anillo heteroclico 6-cloro-3-piridilo, la segunda generación compuesta por clotianidina y tiametoxam, que contienen un anillo 2-cloro-5-tiazolil mientras que la tercera generación dinotefuran presenta un anillo 3-tetrahidrofuranil.[33]

Su gran consolidación en el mercado se debe a que presentan un amplio espectro de eficacia controlando parásitos chupadores, como áfidos, moscas blancas, arañuelas, algunos microlepidópteros y una serie de plagas de coleópteros. Presentan una acción sistémica y translaminar, con una pronunciada actividad residual y un modo de acción único.[32,34]

Otra de las ventajas a las que se atribuye su éxito, es la versatilidad en sus formas de aplicación, ya que pueden ser aplicados con irrigación de agua por goteo, en cultivos hidropónicos, en suelos húmedos, por inyección en troncos o en la base de estos, por inyección al suelo, aplicación foliar con spray, dispersión de aceites o una de las últimas técnicas que consiste en el tratamiento de semillas formando un recubrimiento o película sobre el grano, que puede llegar a ser incluso una multicapa.[32]

Con respecto a las formas de aplicación y la biodisponibilidad de estos insecticidas en la planta, también existen muchos estudios acerca de la capacidad de traslocación dentro de ésta, lo que hace que estén disponibles en distintas zonas, independientemente de la forma de aplicación. En este sentido, uno de los neonicotinoides más estudiados ha sido la imidacloprida, [35] cuyos metabolitos activos son encontrados en el resto de la planta después de su aplicación[36] y para el cual se han desarrollado nuevas tecnologías que favorecen su movilidad dentro de la planta.[37]

Pero dichas ventajas en el control de plagas, también pueden transformarse en desventajas, ya que la exposición de insectos polinizadores a este tipo de compuestos puede verse aumentada dependiendo de la aplicación. Esto queda demostrado en diversos estudios que indican que la imidacloprida es transportada por la planta hasta el polen de las flores[38] aumentando así la posibilidad de exposición de abejas al compuesto, concentraciones que según algunos autores no son perjudiciales, [39] pero que para otros lo son si se transforman en un riesgo para los insectos.[40]

Así lo demuestra una serie de estudios realizados frente a un proceso natural de las plantas conocido como gutación, que consiste en la excreción de gotas de agua desde el interior de la planta hasta la superficie de las hojas, gotas que además transportan los neonicotinoides desde las semillas tratadas previamente. Un estudio realizado a semillas de maíz tratadas con imidacloprida, clotianidina y tiametoxam demostró tener incluso concentraciones mayores que cuando los pesticidas se aplican en forma de spray. En este experimento las abejas murieron en pocos minutos después de consumir las gotas de agua.[41] Contrariamente a esto, otro estudio realizado a semillas de maíz y triticale (cereal hibrido entre trigo y cebada) mostró concentraciones bajas que decrecían en el tiempo y cuyas gotas de agua no fueron consumidas por las abejas durante los muestreos, por lo que no se detectaron daños perjudiciales.[42]

En cuanto a los efectos que estos insecticidas pueden tener sobre insectos polinizadores como las abejas, también existen muchas controversias,[43,44] ya que hay estudios que demuestran que las abejas no se ven afectadas por este tipo de compuestos,[45,46] mientras que hay otros que demuestran su alta toxicidad,[43,47-52] efectos subletales como pérdida de memoria olfativa y alteraciones en el metabolismo cerebral,[53] falta de actividad y capacidad de comunicación,[54] baja actividad pecoreadora y dentro de la colmena,[55] son algunos de los efectos más descritos. Pero estas controversias también se dan a la hora de estudiar los efectos sobre abejorros y abejas solitarias, con trabajos que indican que no hay efectos significativos para estos[44] y otros que atribuyen la baja tasa de reproducción o poca actividad cuando estos insectos están expuestos a dichos compuestos, especialmente imidacloprida.[56] Contradicciones que muchas veces están relacionadas con las distintas formas de realizar un estudio, con experimentos que van desde el laboratorio hasta invernaderos, semi-campo o condiciones de campo, con tiempos de exposición a veces muy prolongados, sometiendo a los insectos a condiciones muy extremas o que realmente no reflejan las condiciones reales de exposición.[57]

Por otro lado, además de la toxicidad y los efectos subletales para las abejas, es necesario mencionar que existe otro efecto asociado a los neonicotinoides, que consiste en el sinergismo entre estos compuestos y la infección por *Nosema,* suma de factores que hacen que las colmenas sean más susceptibles al despoblamiento. Así lo demuestra un estudio llevado a cabo en presencia de dosis subletales de imidacloprida y esporas de *Nosema*, que con respecto al control hay una clara disminución de la glucosa oxidasa, enzima que permite a las abejas esterilizar la colmena y sus alimentos, por lo que en ausencia de dicha enzima, la colonia es fácilmente atacada por el microsporidio.[58]

Otro estudio realizado con abejas expuestas a dosis subletales de imidacloprida demostró que la *Nosemosis* fue significativamente mayor en colonias tratadas con el pesticida al comparar los resultados con el control sin tratamiento,[59] en cuanto a la exposición a dosis subletales de otros neonicotinoides, también hay un trabajo que muestra el efecto sinérgico entre *N. ceranae* y tiacloprida, con una alta mortalidad para las abejas infectadas cuando fueron expuestas a dicho insecticida.[60]

Los efectos sinérgicos de los neonicotinoides no se dan solamente con los microsporidios de *Nosema*, sino que también se ha registrado sinergismo con otros pesticidas. Este es el caso del efecto sinérgico entre piperonil butoxido y dos fungicidas (triflumizol y propiconazol) que incrementan la toxicidad aguda de acetamiprida, tiacloprida e imidacloprida en abejas, o la toxicidad de acetamiprida que también se ve aumentada por la presencia de los fungicidas triadimefon, epoxiconazol y uniconazol-P.[48]

Aunque existen enormes ventajas para la agricultura, son muchas las opiniones que relacionan a los neonicotinoides con el despoblamiento de las colmenas, razones que han llevado a la creación de nuevas líneas de investigación enfocadas en descubrir nuevos pesticidas, tanto o más efectivos que los neonicotinoides, con modo de acción similar al de este grupo de compuestos y que además sean más amigables con los insectos polinizadores, dando origen a la nueva línea de biopesticidas.

## II.3. LAS ESPINOSINAS COMO BIOPESTICIDAS

Las espinosinas son un grupo de compuestos que junto a los neonicotinoides se caracterizan por un particular modo de acción sobre los receptores nicotínicos de acetilcolina (nAChR), interfiriendo en la transmisión química durante la sinápsis en el sistema nervioso de los insectos.[61] Esta razón hace que dichos compuestos sean una buena alternativa al uso de neonicotinoides, no sólo por su eficaz modo de acción, sino también por su origen natural, ya que se producen durante la fermentación de la bacteria *Saccharopolyspora spinosa.*[62] Dicho producto de la fermentación recibe el nombre de espinosad, que consiste en una mezcla de las espinosinas A y D y que se caracteriza por su gran eficacia sobre insectos como lepidópteros, dípteros y arañuelas.[63] Es también eficaz contra algunas especies de coleópteros y ortópteros que consumen grandes cantidades de follaje,[64] presenta un amplio espectro de aplicación y además tiene grandes beneficios medioambientales por ser un biopesticida.[65-67] Pero a pesar del éxito que este pesticida ha tenido en los últimos años, su toxicidad sobre insectos polinizadores, al igual que los neonicotinoides, también presenta controversias,[64] ya que hay trabajos que indican que no son perjudiciales para abejas adultas y que los efectos transitorios que pueden tener sobre las crías, no afectan la viabilidad de la colmena, ya que se degradan rápidamente,[65] otros indican que si el pesticida es aplicado en horas de baja actividad de las abejas, estas no se ven afectadas y que el producto seco es muy seguro para ellas, las crías y la reina,[68-69] incluso hay un estudio realizado durante dos años consecutivos que tampoco evidenció impacto negativo o mortalidad de abejas.[70] De manera contraria a esto, existen trabajos que demuestran su toxicidad en avispas chaqueta amarilla, que aunque en algunos casos pueden ser plaga, también es un polinizador y agente de control biológico,[71] en el caso de insectos más benéficos, hay estudios que demuestran que la exposición oral de abejorros a espinosad, tiene efectos perjudiciales en la reproducción[72] y otros indican que la exposición de abejas al pesticida durante el desarrollo larvario provocó una disminución de la actividad pecoreadora.[73] Una comparación entre tres pesticidas asociados con la mortalidad y generación de efectos adversos en las abejas, demostró que espinosad es el más toxico para ellas provocando la mayor inhibición de dos enzimas fisiológicas (acetilcolinesterasa y adenosintrifosfatasa), generando interrupción de la transmisión nerviosa de los insectos.[74] Por último, un review del año 2012, indica que aunque espinosad es un biopesticida, se deben tener en cuenta las controversias que existen en torno a este, ya que la aplicación de distintas formulaciones comerciales, con sus diversas concentraciones pueden hacer que un pesticida pase de ser inofensivo hasta altamente tóxico para insectos como las abejas.[75]

## II. 4. ABEJAS: BIOINDICADORES AMBIENTALES

Son tres los factores que han influido en la idea de considerar a las abejas como bioindicadores medioambientales, primero porque son sensibles a un gran número de compuestos químicos, hecho demostrado en los dos apartados anteriores, donde se relaciona la muerte y los efectos subletales de las abejas con el uso de pesticidas sintéticos o naturales, segundo porque las abejas son capaces de visitar grandes áreas cultivadas diariamente y tercero, porque son los insectos más eficientes en la recolección de néctar, polen y agua desde las flores, productos que pueden ser considerados como muestras representativas.[74-78]

Por otro lado, hay dos productos de la colmena que también son indicadores de contaminación ambiental, ya que en ellos se acumulan los residuos generados de las prácticas agrícolas y apícolas,[79] dichos productos son la cera y el polen, que cumplen funciones tan importantes como material de construcción de las colmenas[80,81] y alimento de las larvas,[82] respectivamente, por lo que están en constante contacto con la abeja en todas sus etapas de desarrollo, desde que esta es un huevo hasta abeja adulta. Generándose así, un gran interés a la hora de analizar residuos de pesticidas, realizar seguimientos sobre la contaminación de productos apícolas, evaluar la persistencia de los pesticidas a lo largo del tiempo o estudiar la difusión a otros productos de la colmena,[82] como la miel.[83,84]

En este contexto en que existe la necesidad de detectar residuos de pesticidas de uso en todo el mundo y cuyos efectos sobre las colmenas están en permanente discusión, nuestra actividad ha sido desarrollar metodologías analíticas para la determinación de residuos de neonicotinoides y espinosinas en cera de abejas y polen corbicular. Dada la necesidad de apreciar mínimas cantidades de residuos, se ha buscado una metodología que permita llegar a límites de detección de los µg/kg, necesidad resuelta con el uso de la cromatografía líquida acoplada a espectrometría de masas (LC-MS).

# III. OBJETIVOS

**El objetivo general** de la investigación desarrollada ha sido *la puesta a punto de metodología para análisis de residuos de insecticidas de nueva generación- neonicotinoides y espinosinas- y su aplicación a muestras de polen corbicular y cera de abejas.*

Para conseguirlo se han establecido los siguientes **objetivos parciales**:

- Desarrollo de una metodología analítica para evaluar simultáneamente trazas de siete neonicotinoides en cera de abejas y polen corbicular.
- Estudio particular para trazas de imidacloprida
- Evaluación de la persistencia de siete neonicotinoides en cera de abejas y polen corbicular a lo largo de cuatro meses.
- Estudio de la eficacia de los métodos de limpieza de ceras aplicados en la industria apícola.
- Desarrollo de una metodología analítica para evaluar trazas de espinosad (espinosinas A y D) en cera de abejas y polen corbicular.

# IV. PARTE EXPERIMENTAL

## IV.1. EQUIPO CROMATOGRÁFICO

En el desarrollo de este trabajo, se utilizó un equipo de cromatografía líquida de alta resolución (HPLC), marca Agilent Technologies, modelo 1100, con detección de diodos alineados (DAD) y espectrometría de masas (MS). Este último, equipado con dos fuentes de ionización, una de Electrospray (ESI) y otra de Ionización química a presión atmosférica (APCI). El software controlador del equipo es un HP Chemstation. Figura 1.

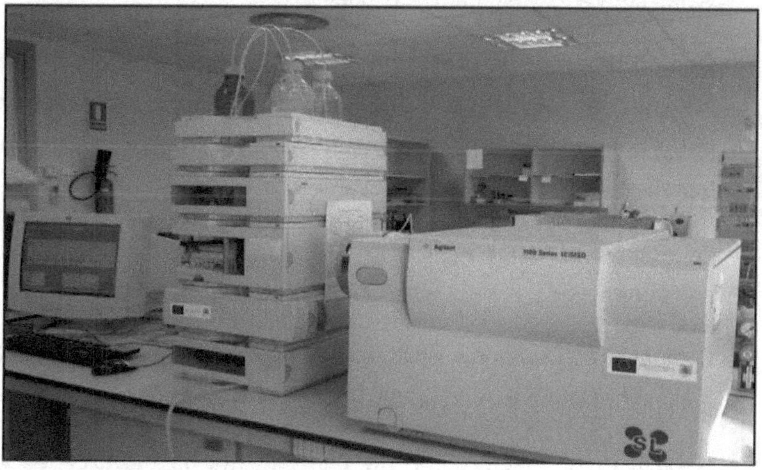

***Figura 1:*** *Equipo de HPLC-ESI-MS*

El equipo está constituido por los siguientes módulos:

- **Desgasificador:** constituido por un contenedor de vacío de cuatro canales, que incluye una membrana tubular plástica y una bomba que genera un leve vacío que actúa en las cuatro cámaras del contenedor. De manera que los gases disueltos en la fase móvil, quedan eliminados al atravesar dicha membrana.

- **Bomba de gradiente cuaternario:** que incluye una cabeza de bomba con una válvula de entrada activa con un cartucho y una válvula de salida. Adicionalmente, contiene una unidad de amortiguación conectada entre las dos cámaras de los émbolos y un sensor de fugas con desconexión automática del equipo.

- **Inyector automático:** controlado electrónicamente con un rango de inyección que va desde 0,1µL a 100 µL y una bandeja para viales con capacidad para 100 muestras.

- **Compartimento de columna termostatado:** consiste en un sistema de calentamiento y refrigeración Peltier, que permite trabajar entre 10 y 80°C, con gran velocidad de variación entre las temperaturas máximas y mínimas.

- **Detector de Diodos alineados (DAD)** que incluye los siguientes componentes:

a) Lámparas de Deuterio y Wolframio de larga duración con un rango de longitud de onda entre 190 y 950nm.

b) Rendija programable entre 1 y 6nm para la optimización de la sensibilidad, linealidad y resolución espectral.

c) Control de temperatura para una mejor estabilización la línea base

d) Filtro de óxido de holmio para una rápida verificación de la longitud de onda.

- **Detector de Masas (MS)** formado por las siguientes partes:

a) Sistema de vacío, formado por una bomba mecánica y dos bombas turbo moleculares enfriadas por aire.

b) Generador de $N_2$ gaseoso, formado por un sistema que transforma el aire comprimido, mediante una mezcla de filtros y membranas de separación.

c) Sistema de introducción de muestra, que en este caso corresponde al equipo de HPLC.

d) Sistema de ionización. En este caso, el equipo utilizado dispone de dos fuentes diferentes para realizar el proceso: Ionización por Electrospray (ESI) e Ionización Química a Presión Atmosférica (APCI), ambas con características muy importantes como:

✓ Autocalibración y sintonización, que permite detectar iones positivos y negativos en un mismo análisis.

✓ Capacidad multiseñal, que permite medir en modo SIM (para la determinación cuantitativa) y en modo SCAN (para la determinación cualitativa).

✓ Programación de hasta cuatro señales simultáneas por análisis.

✓ Control electrónico del flujo y temperatura de la corriente del gas de secado.

✓ Nebulizador ortogonal situado a 90º de la entrada del capilar.

✓ Sistema de drenaje por gravedad

a) Analizador cuadrupolar hiperbólico de Molibdeno.

b) Detector de dínodo de alta energía (HED) de 10Kv.

Para la detección de los compuestos se utilizó el último detector, que como se indicó anteriormente, cuenta con dos interfases , ESI y APCI que tienen por finalidad transformar los analitos que se encuentran en la disolución en iones en estado gaseoso y además, eliminar la fase móvil utilizada en la separación de los analitos por HPLC.

Las dos interfases presentan un campo de aplicación dependiendo de la polaridad y peso molecular de los analitos, esta diferencia se puede observar en la figura 2, que además muestra como ambas interfases son complementarias, ya que ESI es aplicable a compuestos de polaridad media a alta y en cambio APCI es más adecuada para compuestos de polaridad media a baja.

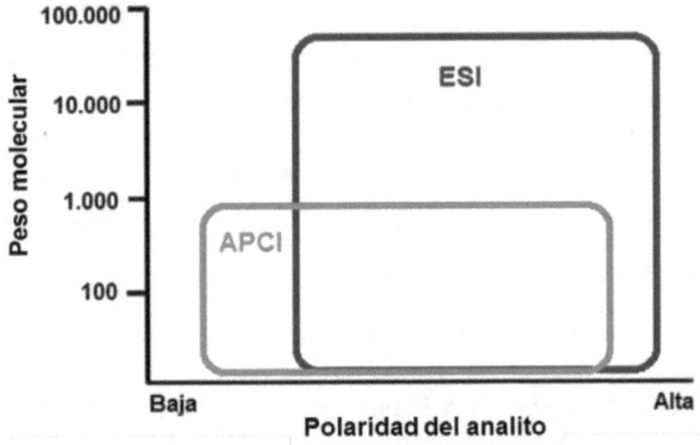


***Figura 2.*** *Campo de aplicación de las interfases ESI y APCI.*

# IV.2. MÉTODO MULTIRESIDUO PARA NEONICOTINOIDES

## IV.2.1 INTRODUCCIÓN

Los neonicotinoides también llamados neonicotilínicos, cloronicotinas o cloronicotilínicos, son un grupo de compuestos relativamente nuevo[85], que presentan una selectiva y potente acción sobre el sistema nervioso de los insectos, por lo que se utilizan como potentes insecticidas para el control de diversas plagas, en una gran cantidad de cultivos en todo el mundo y con una amplia versatilidad de formas de aplicación[32-37]que, como se mencionó en la introducción, dependiendo del tipo de exposición, pueden presentar toxicidad y efectos subletales para especies polinizadoras como las abejas.

Estos compuestos presentan una estructura base derivada de la nicotina, de donde deriva su nombre, pero con ciertas variaciones que marcan la diferencia entre las distintas generaciones, clasificados como[33].

- **Primera generación**, subclase cloronicotilínicos, a este grupo pertenecen imidaclopride, nitenpyran, acetamiprida y tiacloprida. Todos ellos con un átomo de cloro en la posición 6 del anillo piridilo.

- **Segunda generación**, subclase tianicotilínico, grupo al que pertenecen tiametoxam y clotianidina, que se caracterizan por un cloro en la posición 2 del anillo tiazolil.

- **Tercera generación**, neonicotinoide que conserva una parte de la primera generación y otra parte de la segunda generación, cuya característica es un anillo furano, donde se encuentra el dinotefuran.

En la figura 3 se muestran las estructuras químicas de cada compuesto.

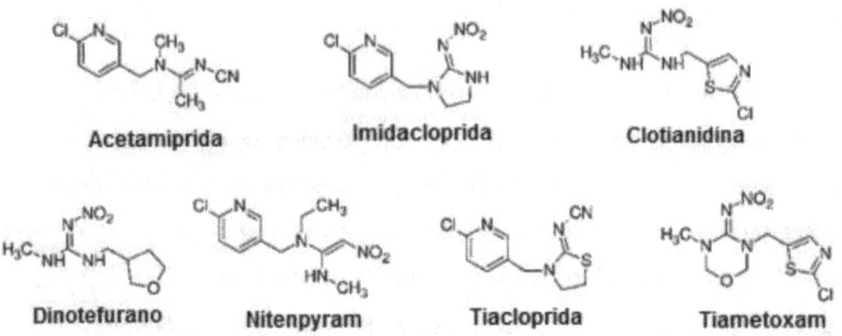


***Figura 3:*** *Estructura química de los siete neonicotinoides*

A continuación se presentan las características de los neonicotinoides a estudiar:

1. Imidacloprida es un polvo cristalino de color blanco muy soluble en diclorometano y con solubilidad media en hexano, isopropanol y agua. El método de análisis recomendado para el producto comercial, con un 99% de pureza, es la cromatografía líquida sobre fase estacionaria $C_{18}$ y fase móvil formada por una mezcla de acetonitrilo/agua al 0,5% de ácido fosfórico en relación 2:1, con detección a 205 nm.

2. Nitenpyram es un compuesto sólido cristalino de color anaranjado-amarillo, que presenta alta solubilidad en metanol, cloroformo y agua, con solubilidad mucho más baja en acetona. El método de análisis recomendado para el producto comercial con un 98,6% de pureza es la cromatografía líquida sobre fase estacionaria $C_{18}$ y fase móvil formada por una mezcla de metanol/agua al 0,5% de ácido fosfórico en relación 2:1, con detección por UV a 220 nm.

3. Acetamiprida es un compuesto cristalino de color blanco muy soluble en cloroformo, diclorometano y acetona, con menos solubilidad en agua y muy baja solubilidad en hexano. Su método de análisis recomendado es la cromatografía gaseosa con detección por captura de electrones (ECD), con columna DB-5 y una rampa de temperatura que va desde 110ºC por 5 minutos hasta 320ºC por 8 minutos, con gradiente de 5ºC por minuto.

4. Tiacloprida es un polvo cristalino de color blanco con alta solubilidad en diclorometano, acetona y acetonitrilo. El método de análisis para el producto con un 98,5% de pureza es la cromatografía líquida sobre fase estacionaria $C_{18}$ y fase móvil formada por una mezcla de acetonitrilo/agua (1:1), con detección por UV a 205 nm.

5. Tiametoxam, es un polvo cristalino blanco muy soluble en diclorometano y con menor solubilidad en acetona y agua. El método de análisis recomendado para el producto comercial con un 98,5% de pureza es la cromatografía líquida sobre fase estacionaria $C_{18}$ y fase móvil formada por una mezcla de metanol/agua en relación 4:1, con detección por UV a 275 nm.

6. Clotianidina es un polvo cristalino de color blanco con buena solubilidad en acetona y menos soluble en diclorometano y agua. El método de análisis sugerido por el laboratorio comercial para el producto con un 99,5% de pureza es la cromatografía líquida con una columna con relleno $C_{18}$ y fase móvil formada por una mezcla de acetonitrilo/agua (2:1), con una longitud de onda máxima de absorción a 205 nm a la cual se realizan las medidas.

7. Dinotefuran es un polvo muy fino de color amarillo pálido, soluble en diclorometano, acetona, metanol y agua. Cuyo método de análisis recomendado para el producto comercial con un 98% de pureza es la cromatografía líquida sobre fase estacionaria $C_{18}$ y fase móvil formada por una mezcla de acetonitrilo/agua al 0,5% de ácido fosfórico (4:1), con detección por UV a 205 nm.

En cuanto al análisis de estos compuestos, las investigaciones se han visto incrementadas los últimos años debido al auge que han tenido los neonicotinoides en la agricultura. Así, se puede encontrar una amplia variedad de matrices estudiadas, donde destacan trabajos en frutas y verduras[85-106], leche y tejido bovino[107,108], agua y suelos[91,109-116], aire[117], vinos[118], algodón y sus semillas[119,120], granos[121,122], aceites[123,124], hojas de café[125], té[98,126], zumos[127], carnes y huevos[128], polen y néctar en flores[129,130], abejas y productos de la colmena.[131-141].

En lo que se refiere a la metodología analítica, la mayoría de las investigaciones han sido realizadas utilizando LC,[86-99,101,103-105,107-123,126-129] con muy pocos trabajos que emplean GC,[125,130,137] la técnica de ELISA[100,134] o electroforesis.[102,106] Dentro de los detectores más utilizados, los que llevan la delantera son los espectrómetros de masas[87-89,92,96,98,99,101,106,110,112,113,116,118,123-131,133,135-139,141] y por absorción UV[88,93-95,97,102,103,105,107,109,111,114-116,119-123,140] con un trabajo que utiliza la detección electroquímica.[132]

En cuanto a las columnas cromatográficas utilizadas en LC, en el 90% de los trabajos se utilizan columnas en fase reversa del tipo $C_{18}$ y cabe destacar que en los últimos tres años han surgido publicaciones donde se emplea la técnica cromatográfica de UHPLC (Ultra High Performance Liquid Chromatography), que se caracteriza por la utilización de columnas mucho más cortas, con tamaños de partícula más pequeños y por lo tanto, tiempos de retención menores, lo que trae consigo, menor tiempo de análisis y menor gasto de disolventes.[101,121,128,129,140]

Con respecto a la etapa de preparación de muestra, es importante destacar que de los casi cien artículos publicados donde se analiza uno o más neonicotinoides en distintas matrices, el 20% de los métodos analíticos ha utilizado las tierras de diatomeas, ya sea en cartuchos para la extracción y limpieza o como sólido que retiene el agua en la etapa de filtrado.

Las tierras de diatomeas, también conocidas como "celita" o "diatomita" son uno de los materiales químicos más utilizados en diversas áreas, su composición consiste en una combinación de restos silíceos provenientes de innumerables plantas acuáticas microscópicas fosilizadas, que presentan propiedades tales como tamaño microscópico de las partículas, un alto grado de porosidad, baja densidad, material químicamente inerte y resistente a las altas temperaturas, que hacen que sea un material muy adecuado para la filtración de soluciones, entre otras aplicaciones.[142]

Considerando que el objetivo de esta investigación es el análisis multirresiduo de siete neonicotinoides en dos matrices apícolas, nos planteamos analizar los trabajos relacionados con la determinación simultánea de los siete analitos,[93,103,121,128,139,141] donde sólo dos se dedican al análisis de miel[139,141] y no existen trabajos que los analicen en cera o polen. Por otro lado, se ha tenido también en cuenta la preparación de muestra descrita en dos trabajos en los que se analizan menos analitos pero en matrices como polen y cera.[136,137] A continuación se mencionan las etapas más significativas de la preparación de muestra de estos cuatro trabajos.

a) Kamel el año 2010 es uno de los primeros en analizar simultáneamente cuatro neonicotinoides y ocho metabolitos en polen, miel y abejas.[136] Dicho tratamiento involucra una extracción y limpieza de 15g de muestra con la metodología QuEChERS, extrayendo con12 mL de agua y 15 mL de trietilamina al 2% (TEA) en ACN con agitación durante 3minutos, posterior adición de 6g de $MgSO_4$ y 1,5g de acetato de sodio, seguido de agitación por 2 minutos a 1200rpm y centrifugación por 5minutos a 2500rpm. Una vez centrifugado, se separa el sobrenadante y a este se añaden 0,5g de $MgSO_4$ y una alícuota de 12mL de la disolución es posteriormente percolada a través de un cartucho de relleno $C_{18}$, que ha sido previamente acondicionado con 3mL de solución de trietilamina al 2% en ACN. La elución se realiza luego con 10mL de la misma disolución, el eluato es evaporado a sequedad bajo corriente de $N_2$ y posteriormente reconstituido en 1mL de una mezcla de agua/metanol (75:25 v/v) para su análisis por LC-MS/MS. Las recuperaciones de este método para todas las matrices analizadas se encuentran entre un 70% y 120% y límites de detección (LOD) de 0,2 µg/kg.

Del método, hay que señalar que es largo, además de la metodología QuEChERS con la que se realiza extracción y limpieza de las muestras, es necesaria otra etapa de "clean up" con cartuchos $C_{18}$. Por otro lado y aunque se consiguen límites de detección bastante buenos con respecto a los demás estudios publicados, la cantidad de muestra necesaria para cada análisis es bastante alta, considerando que se desea analizar trazas de pesticidas, masas que muchas veces son difíciles de conseguir, caso del polen , más aún si es necesario obtener resultados fiables con más de una réplica.

b) Un segundo estudio del mismo año, realizado por Mullin,[137] en el cual se analizan 121 pesticidas, entre ellos cuatro noenicotinoides, en polen, abejas y cera, emplea un tratamiento de muestra muy similar al de Kamel con metodología QuEChERS, con algunas adaptaciones como el uso de 3g de muestra que son extraídos con 27mL de una mezcla de agua/ACN/ácido acético glacial (44:55:1). Antes de adicionar las sales, la mezcla de polen es finamente dividida por 1 minuto con mezclador de alta velocidad y la cera es calentada en baño maría a 80°C. A continuación a ambas matrices se les adiciona igual cantidad de sales que el estudio antes descrito, seguido de agitación por 1minuto y centrifugación, del sobrenadante, se toma sólo un 1mL y es transferido a otro tubo que contiene 0,05 g de amina primaria y secundaria (PSA), 0,05 g $C_{18}$ y 0,15 g $MgSO_4$ con agitación por 1 minuto y centrifugación. Finalmente el sobrenadante es trasferido a un vial para ser analizado por LC-MS/MS. Los límites de detección de los analitos son entre 1 y 5ppb; no se informan las recuperaciones del procedimiento.

Del análisis de este tratamiento de muestra hay que mencionar que el estudio no tiene como objetivo la puesta a punto de un método analítico, sino más bien es un análisis de una gran cantidad de muestras de apiarios norteamericanos llevados a cabo por el Laboratorio Nacional de Ciencias (NSL) de Carolina del Norte, USA. Estudio que no es exclusivo para neonicotinoides y en el cual no se especifican tiempos y velocidad de centrifugación, condiciones cromatográficas, condiciones de detección, ni recuperaciones, por lo que es una metodología difícil de reproducir.

c) Otro estudio que merece la pena analizar, es el de Tanner del año 2011,[139] donde se analizan los siete neonicotinoides de interés junto a un octavo pesticida sintético de la misma familia en mieles austriacas.

Dicho estudio realiza una comparación entre el uso de cartuchos ChemElut (tierras de diatomeas) y el método QuEChERS, el primero consiste en la extracción de 1 g de miel con 10 mL de agua en baño de ultrasonido por 2 min, luego se adicionan 20mL de MeOH que se homogenizan por 1min en Ultra-Turrax. A continuación la mezcla es filtrada en papel que contiene 2,5 g de Celita (tierras de diatomeas) y el filtrado es lavado con 20 mL de MeOH/agua (75:25 v/v), para ser concentrado a 50ºC y transferido a un cartucho ChemElut 1020. Después de 15 minutos, es eluido con 80 mL de ciclohexano/ acetato de etilo (AcEt) (50:50 v/v). El eluato es evaporado a sequedad en evaporador rotatorio a 50ºC. El residuo fue redisuelto en 2 mL de methanol, evaporado a sequedad con flujo de $N_2$ y redisuelto nuevamente con 1 mL de MeOH/agua (20:80 v/v) para ser analizado por LC-MS/MS.

La metodología QuEChERS, es muy similar a las ya mencionadas y consiste en la extracción de 5g de miel con 10 mL de agua y 10 mL de ACN vigorosamente agitados para homogenizar. A la mezcla se le agregan 4 g de $MgSO_4$ anhidro, 1 g de NaCl, 1 g de citrato de sodio dihidratado y 0,5 g de citrato de sodio ácido sesquihidratado, con posterior agitación manual por 1 minuto y centrifugación por 5 minutos a 3000rpm a 10ºC. Una alícuota de 6 mL de fase orgánica es transferida a otro tubo que contiene 900 mg de $MgSO_4$ anhidro y 150 mg de PSA, mezcla que es agitada vigorosa y manualmente por 30 segundos y centrifugada por 5 minutos a 3000rpm a 10ºC. Finalmente 2 mL del sobrenadante son evaporados a sequedad bajo flujo de $N_2$ a 30ºC, residuo que es redisuelto en 1 mL de mezcla MeOH/agua (20:80 v/v) y analizada por LC-MS/MS. Los límites de detección para todos los analitos están entre 0,6 y 5 µg/kg y recuperaciones entre 60 y 114%.

Del análisis de estas metodologías, hay que mencionar que con los cartuchos ChemElut se obtienen muy malas recuperaciones para dinotefurano y nitenpyram. En las discusiones del trabajo se menciona que los analitos si son retenidos en el cartucho, pero que por su carácter hidrofílico, no son eluidos con la mezcla de disolventes utilizada (ciclohexano/AcEt (50:50 v/v). En este sentido entonces, merece la pena realizar más pruebas para lograr eluir con otros disolventes o mezclas de ellos, para así favorecer las recuperaciones

En cuanto a la metodología QuEChERS, con esta técnica se obtienen buenos límites de detección, pero las recuperaciones aún están por debajo de los límites permitidos por la Guía de Validación de la UE para el análisis de residuos, el documento SANCO/825/00[143] que indica recuperaciones entre 70 y 120% para todos los niveles de concentración estudiados.

d) El último de los trabajos publicado en 2013,[141] analiza siete neonicotinoides en miel y empleando como tratamiento de muestra una microextracción líquido-líquido dispersiva donde se extraen 5 mL de miel con 2 mL diclorometano y 0,5 mL ACN como disolvente dispersivo, la mezcla es agitada por 1 minuto en Vortex, sonicada por 10 minutos en baño de ultrasonidos y agitada nuevamente por 1 minuto en vortex. Una vez que se ha centrifugado por 5 minutos a 2500 rpm, el sobrenadante es evaporado bajo flujo de $N_2$ y el residuo final es reconstituido con 0,2 mL de fase móvil y agitado en vortex por 2 min. El extracto es transferido a un vial para su análisis por LC-MS/MS. Los límites de detección para esta metodología están entre 0,5 -1 µg/ kg, con recuperaciones entre 74-113%.

Como resumen de esta metodología, hay que destacar que se requiere muy poco volumen de extractante para una gran cantidad de muestra, lo que se traduce en los buenos límites de detección obtenidos, bajo impacto medioambiental y bajo costo asociado al uso de disolventes. Si bien, los resultados obtenidos para esta matriz son buenos, el tratamiento de la cera de abejas requiere una etapa de limpieza, debido a las impurezas propias del proceso de recolección y a la gran cantidad de compuestos presentes en ella, que dificultan su análisis.

Finalmente y como recopilación de los antecedentes bibliográficos para la determinación de siete neonicotinoides en cera y polen de abejas, se puede señalar que:

- Existe muy poca bibliografía que relacione los siete analitos con matrices apícolas.
- No existen estudios que determinen los siete analitos en polen, ni en cera de abejas.
- La técnica más empleada en matrices apícolas es la LC con detección por MS.
- Las tierras de diatomeas o también llamada celita, es el producto más empleado en la filtración y relleno de cartuchos debido a la retención selectiva de estos analitos.
- Aunque también se aplica la metodología QuEChERS para análisis de cera y polen, la metodología requiere grandes cantidades de muestra, carece de información para reproducir el método y no se dan a conocer las recuperaciones de éste.

## IV.2.2. MATERIALES Y REACTIVOS

### IV.2.2.1. Columna cromatográfica

En la realización de este trabajo, se ha utilizado una columna Kinetex (fused core) $C_{18}$ de 150mm x 4,60mm de diámetro interno y tamaño de partícula 2,6µm de Phenomenex (Torrance,CA,USA).

### IV.2.2.2. Reactivos y disolventes

- Patrones dinotefuran, nitenpyran, tiametoxam, clotianidina, imidacloprida, acetamiprida y tiacloprida. suministrados por Dr. Ehrenstorfer GmbH (Augsburg, Alemania).
- Agua ultrapura purificada por sistema Milli-RO y Milli-Q de Millipore (Bedford, MA, USA).
- Acetona al 99,8% Pestican suministrado por Labscan. (Polonia).
- Acetonitrilo grado HPLC-UV suministrado por Labscan Ltd. (Dublín, Irlanda).
- Ácido fórmico 98-100% pureza. P.A. suministrado por Sigma Aldrich.
- Alcohol isopropílico 99,8% para análisis de residuos, suministrado por Scharlau Chemie S.A. (Barcelona, España).
- Amoniaco, solución de amonio 32%v/v. suministrado por Sharlab (Barcelona, España).
- Cloroformo Pestiscan suministrado por Lab Scan, (Polonia).
- Diclorometano grado HPLC suministrado por Lab Scan, (Polonia).
- Hexano al 95% Pestiscan, suministrado por Lab Scan, (Polonia).
- Metanol grado gradiente HPLC suministrado por Panreac (Barcelona,España)

### IV.2.2.3. Equipos y material adicionales

Los equipos adicionales utilizados en el desarrollo del método fueron los siguientes:

- Balanza analítica de precisión Mettler AE-240. Mettler Instrumente G1987 (Suiza).
- Agitador magnético y calefactor, Agimatic-N. P. Selecta S.A.
- Centrifuga 5810R de Eppendorf (Hamburg, Alemania)
- Baño de ultrasonidos, Ultrasons. P. Selecta S.A.
- Baño termostatado, Precis-term. P. Selecta S.A.
- Sistema de extracción sólido-líquido con vacío, Waters Corporation (Milford, MA, USA).
- Rotavapor RE 111 Büchi, baño de agua Büchi 461 y bomba de vacío Vacuubrand GMBH+CO KG (Alemania).
- Cartuchos de extracción sólido-líquido Oasis HBL 3cc (60mg) de Waters (Milford, MA, USA).
- Cartuchos de extracción sólido-líquido Strata-X 33u, 200mg/6mL Polimeric Reversed Phase.
- Cartuchos de extracción líquido-líquido ISOLUTE HM-N 10mL con relleno de tierras de diatomeas. Biotage (Suecia)
- Micropipetas:
- Filtros de nylon de 0,45µm.

### IV.2.3. ENSAYOS PRELIMINARES

Se ha realizado un estudio de los distintos parámetros cromatográficos y de detección para encontrar las mejores condiciones que permitan la correcta determinación de dinotefurano, nitenpyram, tiametoxam, clotianidina, imidacloprida, acetamiprida y tiacloprida en muestras. En dicho estudio se procedió a modificar una variable manteniendo el resto de ellas constante. A continuación se describe el proceso de selección de manera detallada para cada una de las variables.

#### IV.2.3.1. Condiciones para la detección

En esta etapa del trabajo se ha utilizado el detector de espectrometría de masas (MS) descrito en el apartado IV.1.

Considerando las características físico-químicas de los analitos, los cuales tienen pesos moleculares entre 200 y 300 g/mol con polaridades medias, se realizaron las pruebas con las dos fuentes de ionización que dispone el grupo de investigación (APCI y ESI), con el fin de seleccionar la fuente de ionización más adecuada para llevar la correcta cuantificación de los mismos. El empleo de electrospray como fuente de ionización conducía a la obtención de mejores resultados, obteniéndose en todos los casos mayores señales que en el caso de emplear APCI. Seleccionándose esta fuente de ionización para llevar a cabo el estudio de cuantificación de los analitos.

En cuanto a la detección de los iones, los analitos pueden presentar ionización positiva y negativa, lo que significa que estos se protonan o desprotonan, respectivamente. En este sentido entonces, fue necesario evaluar la variación de las señales con ambos modos para así seleccionar el que condujera a los resultados más satisfactorios. De los resultados obtenidos se dedujo que el empleo de la fuente de ionización en modo positivo proporcionaba señales mucho más altas para la mayoría de los analitos, por lo que fue este el seleccionado para el análisis de los siete neonicotinoides.

A continuación con el fin de alcanzar la máxima sensibilidad para cada uno de los siete analitos, se llevó a cabo una optimización de los diferentes parámetros mediante un análisis por inyección de flujos (FIA).

Los parámetros a optimizar son aquellos que afectan directamente la respuesta del detector, como voltaje del fragmentador, la presión del nebulizador, flujo y temperatura del gas secante ($N_2$), y voltaje del capilar. Dichos factores se estudiaron de manera independiente y los valores óptimos se muestran en la tabla 1.

***Tabla 1.*** *Resultados obtenidos a partir del análisis por inyección de flujo (FIA) para los parámetros MS- ESI (+)I.*

| **Parámetros MS** | **Intervalo estudiado** | **Valor óptimo** |
|---|---|---|
| **Voltaje del fragmentador (V)** | 20-380 | 100<br>140 (tiacloprida) |
| **Temperatura (°C) del gas secante ($N_2$)** | 10-350 | 340 |
| **Presión (psi) del gas nebulizador ($N_2$)** | 10-60 | 60 |
| **Flujo (L/min) del gas secante ($N_2$)** | 2-12 | 9 |
| **Voltaje del capilar (V)** | 2000-5000 | 2500 |

Una vez fijadas las condiciones óptimas del detector MS se seleccionaron los iones más abundantes para trabajar en modo SIM. Para esto, se hizo un barrido en modo SCAN entre las relaciones m/z 50 y 500 unidades m/z de una disolución de patrón de cada uno de los compuestos..

La figura 4 muestra los espectros de masas en modo SCAN de los compuestos, cada uno con un ión mayoritario correspondiente al ión molecular protonado [M + H$^+$] que se utilizó para la cuantificación de los analitos y dos iones menos abundantes pero muy característicos de cada compuesto, que se utilizaron para la confirmación. Dichos iones se pueden ver en la tabla 2 junto con la masa molecular y las abundancias relativas de cada analito.

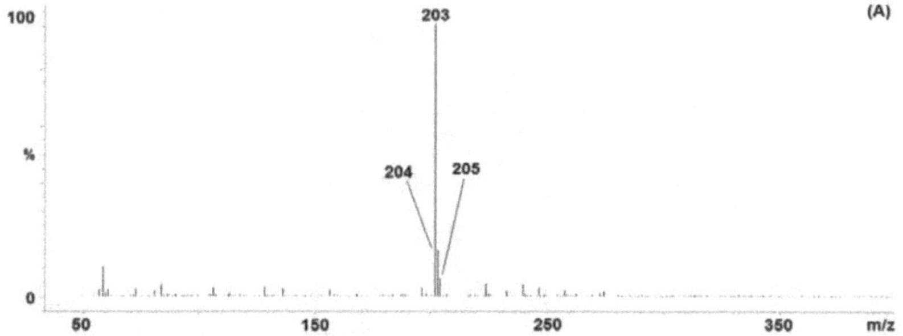


***Figura 4**: Espectros de masas obtenidos en modo SCAN de los neonicotinoides (A) dinotefuran*

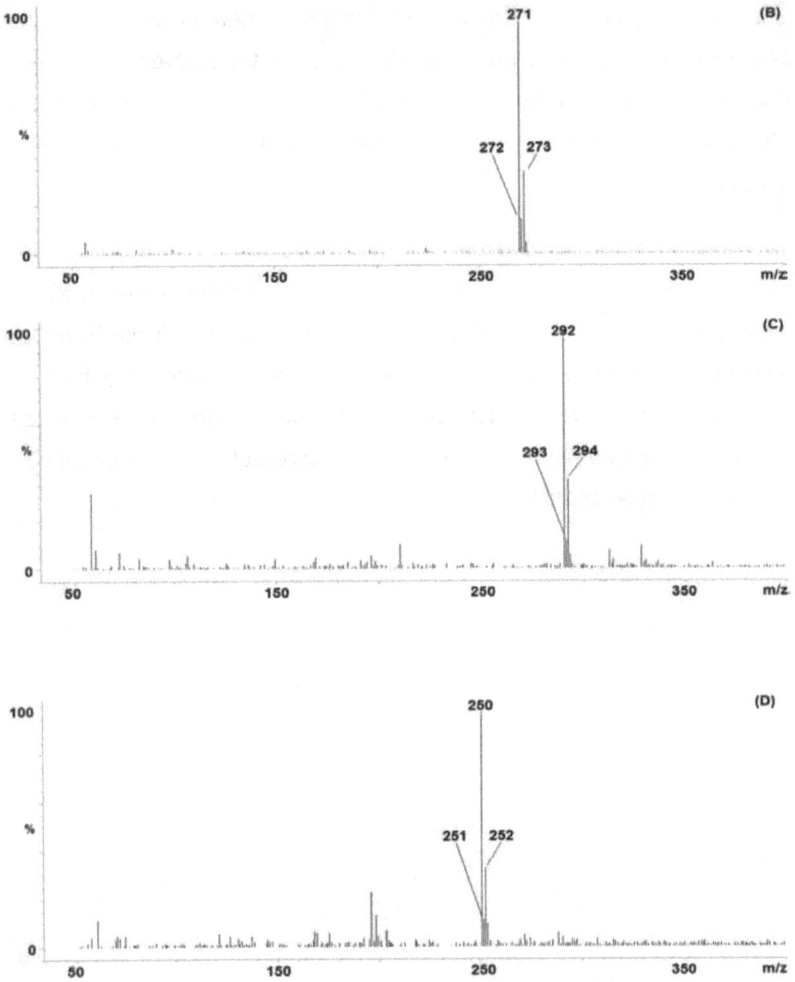


***Figura 4***: *(continuación) Espectros de masas obtenidos en modo SCAN de los neonicotinoides, (B) nitenpyram y (C) tiametoxam. (D) clotianidina*

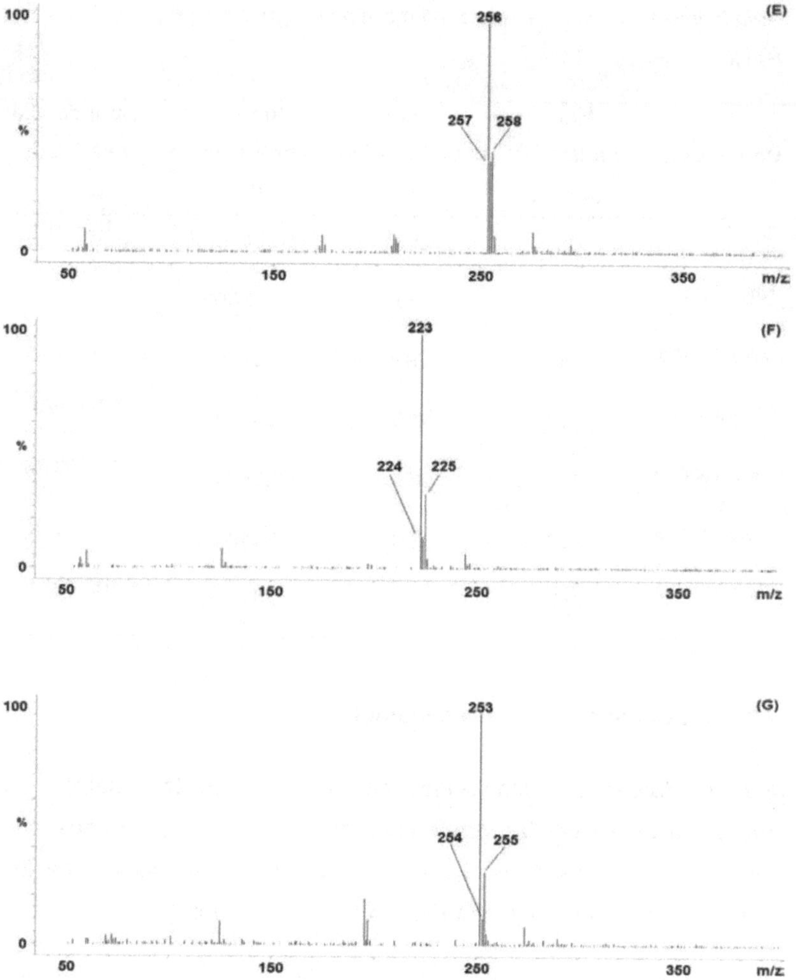


***Figura 4*** *(continuación). Espectro de masas obtenido en modo SCAN de los neonicotinoides (E) imidacloprida y (F) acetamiprida. (G) tiacloprida.*

***Tabla 2:*** *Iones mayoritarios y de confirmación obtenidos por MS-ESI(+) de los siete patrones.*

| Compuesto | Masa molecular (g/mol) | Ion de cuantificación (m/z) | Iones de confirmación (m/z) | Abundancia relativa de iones |
|---|---|---|---|---|
| Dinotefuran | 202 | 203 | 204/205 | 100/10/1 |
| Nitenpyram | 270 | 271 | 272/273 | 100/13/34 |
| Tiametoxam | 291 | 292 | 293/294 | 100/11/37 |
| Clotianidina | 249 | 250 | 251/252 | 100/10/20 |
| Imidaclooprida | 255 | 256 | 256/258 | 100/33/38 |
| Acetamiprida | 222 | 223 | 224/225 | 100/12/32 |
| Tiaclorprida | 252 | 253 | 254/255 | 100/13/39 |

## IV.2.3.2. Condiciones para la separación

Una vez fijadas las condiciones de detección de los analitos, se procedió a establecer las condiciones cromatográficas para separar e identificar los compuestos. Para llevar a cabo la separación de los analitos se utilizó una columna Kinetex C18 150X4.6mm

### *IV.2.3.2.1. Composición y flujo de fase móvil*

Para comenzar el estudio de la composición de la fase móvil, se preparó una disolución patrón de los siete compuestos a una concentración de 1 mg/L en una mezcla acetonitrilo:agua (50:50), posteriormente se realizó una serie de experiencias manteniendo constantes un flujo de fase móvil de 0,5mL/min, un volumen de inyección de 20µL de la disolución y trabajando a 25ºC con la finalidad de conocer la variación de la retención de los compuestos en función de la composición de la fase móvil.

A partir de la bibliografía consultada donde se determinan neonicotinoides en distintas matrices, se seleccionó como punto de partida una fase móvil constituida por una mezcla de agua y metanol, variando las proporciones iniciales desde 95:5 hasta 50:50 los resultados obtenidos no fueron satisfactorios, ya que las señales de los analitos clotianidina e imidacloprida no proporcionaban resoluciones adecuadas. Se optó por trabajar en régimen de gradiente con el cual se consiguió la separación de estos dos analitos. Pero las señales presentaban una mala simetría, con picos muy anchos y distorsionados que imposibilitaban su correcta cuantificación, por lo que el siguiente paso fue intentar mejorar la calidad de las señales.

La primera opción fue modificar el pH, acidificando la fase móvil. De esta manera se cambió el agua por ácido fórmico al 0,1%, lo que dio como resultado una mejora en la simetría de las señales, pero fue perjudicial ya que hubo solapamiento de la señal de nitenpyram con la del siguiente analito (tiametoxam), por lo que las siguientes pruebas se realizaron intentando mantener la buena simetría conseguida pero lograr la separación de ambos analitos.

En este siguiente estudio, se consideró cambiar la naturaleza del modificador orgánico, pasando a utilizar ácido fórmico 0,1% con acetonitrilo. Como este último tiene más fuerza que el metanol, la elución fue más rápida, con picos más definidos y además se obtuvo la separación de los siete analitos, que antes no se lograba. Después de algunas pruebas de gradiente para obtener la óptima separación de los siete analitos en el menor tiempo posible, con una limpieza final de la columna para evitar contaminación de ésta, se seleccionó la fase móvil con ácido fórmico 0,1% en agua y acetonitrilo en modo gradiente como se muestra en la tabla 3.

***Tabla 3**: Gradiente seleccionado para la separación de los siete neonicotinoides empleando ácido fórmico 0,1% en agua (A) y acetonitrilo (B).*

| Tiempo (min) | % A | % B |
|---|---|---|
| 0 | 90 | 10 |
| 8 | 65 | 35 |
| 13 | 60 | 40 |
| 17 | 0 | 100 |
| 21 | 0 | 100 |
| 23 | 90 | 10 |

Considerando que el flujo de la fase móvil es un parámetro que influye en los tiempos de retención de los analitos, se realizó el estudio de este parámetro variándolo entre 0,3 y 1 mL/min. A partir de los resultados obtenidos se seleccionó un flujo de 0.5 ml/min ya que se consiguieron tiempos de retención de los analitos aceptables con una buena resolución entre los mismos, un aumento de dicho parámetro disminuye los tiempos pero se produce una pérdida de resolución entre los picos de analitos consecutivos y una disminución del mismo provoca un aumento de los tiempos de retención innecesarios. Además el hecho de emplear como sistema de detección espectrofotometría de masas el empleo de flujo de fase móvil de 0,5 mL/min es favorable para una correcta eliminación de la fase móvil en la fuente de ionización.

Una vez seleccionada la composición y flujo de la fase móvil, se realizó el estudio del tiempo necesario para la estabilización de la columna entre cada inyección (post time) evitando así las variaciones en los tiempos de retención de cada analito.

Debido a una pequeña, pero no menos importante variación en los tiempos de retención (Tr) de los analitos en inyecciones sucesivas, fue necesario estudiar un tiempo de estabilización de la columna después de que finalizara el análisis. De esta manera se estudiaron cuatro tiempos que permitieran la estabilidad de la columna manteniendo los Tr entre tres inyecciones consecutivas. La tabla 4 muestra el coeficiente de variación del tiempo de retención de tres inyecciones consecutivas obtenidas al variar el tiempo de estabilización de la columna entre dos inyecciones consecutivas entre 2 y 10 min.

***Tabla 4*** *Influencia del tiempo de estabilización de la columna en la variación de los tiempos de retención de los analitos CV(%)*

| **Compuesto** | **o** | **Tiempo (min)** | | | |
|---|---|---|---|---|---|
| | | **2** | **4** | **7** | **10** |
| Dinotefuran | $CV_{Tr}$(%) | 14,1 | 12,6 | 0,08 | 0,08 |
| Nitenpyram | $CV_{Tr}$(%) | 7,6 | 5,5 | 0,1 | 0,07 |
| Tiametoxam | $CV_{Tr}$(%) | 4,7 | 3,1 | 0,06 | 0,05 |
| Clotianidina | $CV_{Tr}$(%) | 3,1 | 2,9 | 0,03 | 0,02 |
| Imidacloprida | $CV_{Tr}$(%) | 2,6 | 2,1 | 0,05 | 0,05 |
| Acetamiprida | $CV_{Tr}$(%) | 2,9 | 2,1 | 0,09 | 0,09 |
| Tiacloprida | $CV_{Tr}$(%) | 2,8 | 2,2 | 0,1 | 0,1 |

Se puede observar que para 7 y 10 minutos de estabilización de la columna los tiempos de retención se mantienen sin mayores variaciones después de las tres inyecciones consecutivas, con coeficientes de variación menores al 0,1%, el tiempo de estabilización de la columna seleccionado fue de 7 minutos.

*IV.2.3.2.2. Temperatura de la columna*

Para estudiar la influencia de la temperatura de la columna sobre la separación se realizaron ensayos variando dicho parámetro entre 25 y 40°C, en intervalos de 5°C. Los resultados obtenidos se muestran en la tabla 5, donde se puede apreciar que el aumento de la temperatura no mejora de modo significativo los diferentes parámetros cromatográficos. Se observaba como es lógico, que a medida que aumentaba la temperatura de la columna los analitos sufrían una menor retención. Se seleccionó una temperatura de 35ºC, con buenos tiempos de retención para cada analito sin perjudicar la calidad de las señales.

***Tabla 5.*** *Influencia de la temperatura en los parámetros cromatográficos (n=3).*

| **Compuesto** | **Parámetro cromatográfico** | **Temperatura (°C)** | | | |
|---|---|---|---|---|---|
| | | **25** | **30** | **35** | **40** |
| Dinotefuran | Tiempo de Retención (min) | 7,2 | 7 | 7 | 6,4 |
| | Anchura (min) | 0,16 | 0,17 | 0,16 | 0,17 |
| | Simetría | 0,90 | 0,92 | 0,97 | 0,93 |
| Nitenpyram | Tiempo de Retención (min) | 8,6 | 8,4 | 8,2 | 8,0 |
| | Anchura (min) | 0,16 | 0,16 | 0,15 | 0,17 |
| | Simetría | 0,85 | 0,89 | 0,97 | 0,95 |
| Tiametoxam | Tiempo de Retención (min) | 10,4 | 10,2 | 10 | 9,8 |
| | Anchura (min) | 0,16 | 0,15 | 0,15 | 0,16 |
| | Simetría | 0,90 | 0,93 | 0,95 | 0,94 |
| Clotianidina | Tiempo de Retención (min) | 11,7 | 11,5 | 11,3 | 11,1 |
| | Anchura (min) | 0,15 | 0,15 | 0,15 | 0,15 |
| | Simetría | 0,95 | 0,96 | 0,98 | 0,91 |
| Imidaclroprida | Tiempo de Retención (min) | 12,2 | 12 | 11,8 | 11,6 |
| | Anchura (min) | 0,16 | 0,15 | 0,15 | 0,16 |
| | Simetría | 0,93 | 0,92 | 0,93 | 0,89 |
| Acetamiprida | Tiempo de Retención (min) | 13 | 12,8 | 12,6 | 12,5 |
| | Anchura (min) | 0,16 | 0,16 | 0,16 | 0,16 |
| | Simetría | 0,88 | 0,96 | 0,96 | 0,88 |
| Tiacloprida | Tiempo de Retención (min) | 15 | 14,7 | 14,5 | 14,2 |
| | Anchura (min) | 0,17 | 0,17 | 0,16 | 0,16 |
| | Simetría | 0,91 | 0,89 | 0,91 | 0,91 |

*IV.2.3.2.3. Volumen de inyección*

Considerando que se desea analizar neonicotinoides a nivel de trazas y que a mayores volúmenes de inyección se podrían obtener límites de detección más bajos, el siguiente parámetro a estudiar fue el volumen de inyección. De esta manera se ensayaron distintos volúmenes de inyección entre 10 y 20 µL, donde es importante mencionar que se evitaron volúmenes superiores pues a mayores cantidades se podría producir un ensanchamiento de los picos y cuando se inyectaran muestras en vez patrones, la fuente de ionización podría presentar acumulación de impurezas propias de una matriz grasa como la cera.

Al analizar los resultados experimentales se puedo observar que las relaciones Señal/ruido son levemente superiores para la mayoría de los analitos cuando se inyectan 20 µL, pero es importante destacar que con este volumen de inyección la señal de imidacloprida es más ancha y se pierde simetría del pico, por lo que el volumen seleccionado fue de 15 µL priorizando la inyección de un volumen mayor sin que se deformen los picos y se pierda su simetría.

**IV.2.3.3. Condiciones cromatográficas seleccionadas**

Como resultado de la experimentación realizada, las condiciones cromatográficas seleccionadas para determinar los siete neonicotinoides, corresponden a una fase móvil constituida por ácido fórmico 0,1% en agua y acetonitrilo en régimen de gradiente (ver tabla 5), con un flujo de 0,5 mL/min a una temperatura de 35°C y un volumen de inyección de 15 µL. La identificación y cuantificación de los compuestos se llevó a cabo mediante espectrofotometría de masas utilizando un cuadrupolo y como fuente de ionización ESI(+).

En la figura 5 se muestra un cromatograma de una disolución de los siete analitos obtenido con las condiciones cromatográficas descritas anteriormente.

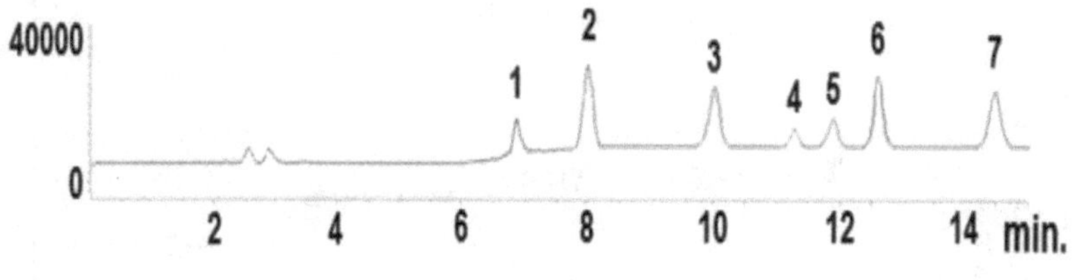


***Figura 5.*** *Cromatograma LC-ESI-MS de una disolución con 500 µg/L de dinotefuran (1), nitenpyram (2), tiametoxam (3), clotianidina (4),imidacloprida (5), acetamiprida (6) y tiacloprida (7) con las condiciones seleccionadas.*

### IV.2.3.4. Estabilidad de los compuestos en disolución.

Se evaluó la estabilidad de los compuestos en disolución agua/ACN (50:50 v/v), mezcla utilizada como disolvente de los patrones. Para ello se prepararon disoluciones de los siete analitos a una concentración de 1000µg/L. Dichas disoluciones fueron inyectadas de manera regular durante 30 días con las condiciones cromatográficas seleccionadas en el apartado anterior. Estas disoluciones se conservaron a distintas condiciones de luz y temperatura. Dos disoluciones se mantuvieron a 25ºC una en presencia de la luz y otra en ausencia. Además una fue guardada en frigorífico a 4°C, y otras dos en estufa a 35ºC y 60ºC respectivamente. Cada día se preparó una disolución de referencia de la misma concentración para contrastar los resultados.

Los resultados obtenidos durante los 30 días que duró el estudio se muestran en la figura 6, donde se representa el % de la señal de cada compuesto con respecto al patrón de referencia durante el tiempo que duró el estudio en ausencia y presencia de radiación.

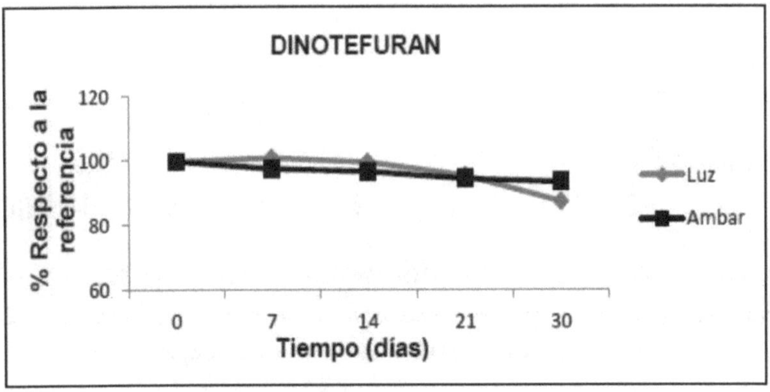


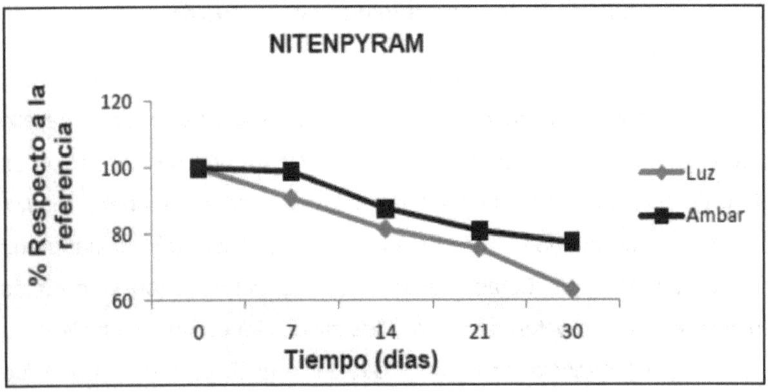


***Figura 6.*** *Gráficas correspondientes al estudio de la influencia de la radiación para el dinotefuran y nitenpyram.*

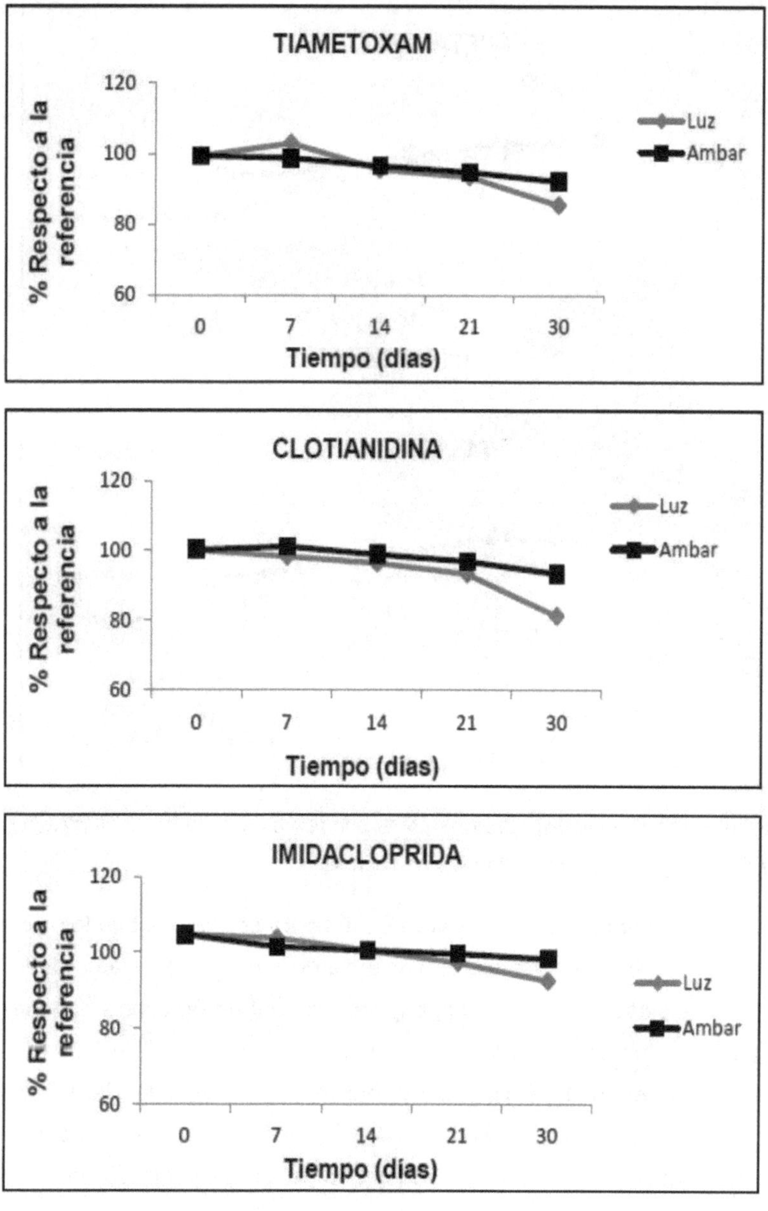


***Figura 6 (continuación).*** *Gráficas correspondientes al estudio de la influencia de la radiación para el tiametoxam, clotianidina e imidacloprida.*

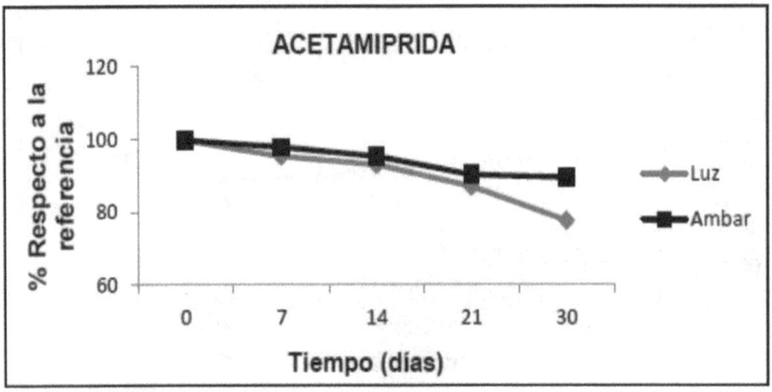


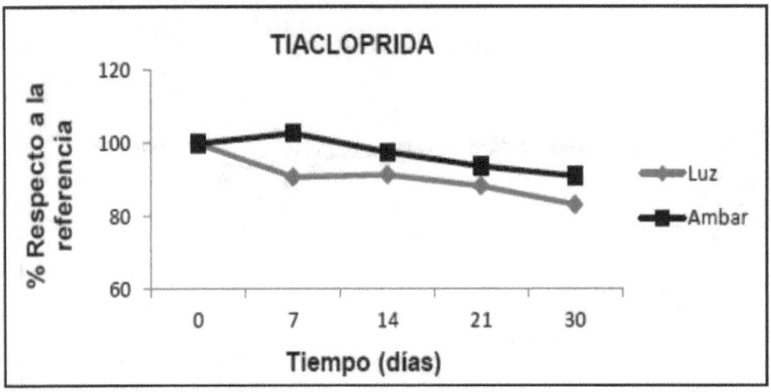


***Figura 6 (continuación).*** *Gráficas correspondientes al estudio de la influencia de la radiación para acetamiprida y tiacldoprida.*

De los resultados que se muestran en la figura se deduce que los siete neonicotinoides son estables en ausencia de radiación a lo largo de los 30 dias. Destacar el caso del nitenpyran, el cual en presencia de la luz sufre una pérdida del 40% a lo largo de los 30 días. El resto de los analitos sufren una pérdida como máximo del 15% a lo largo del periodo de tiempo estudiado debido a la radiación. Del estudio se deduce que las disoluciones patrón deben de ser conservadas en viales topacio.

A continuación en la figura 7 se muestran los resultados obtenidos durante los 30 días que duró el estudio a distintas temperaturas, donde se representa el % de la señal de cada compuesto con respecto al patrón de referencia durante 30 días.

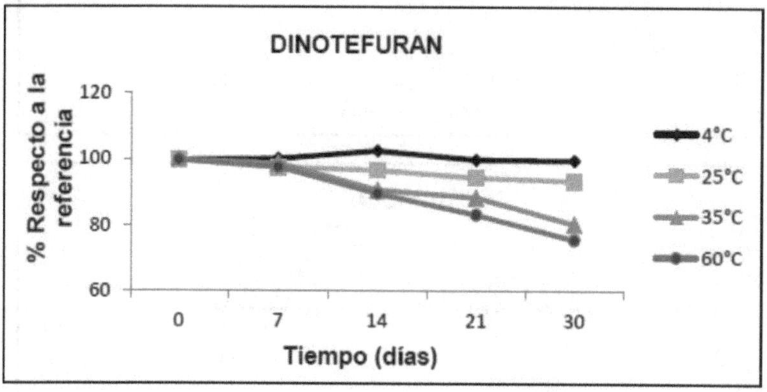


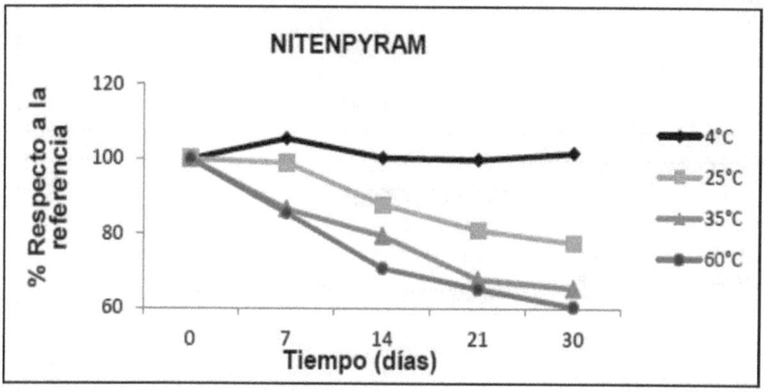


***Figura 7.*** *Gráficas correspondientes al estudio de la influencia de la temperatura para el dinotefuran y nitenpyram.*

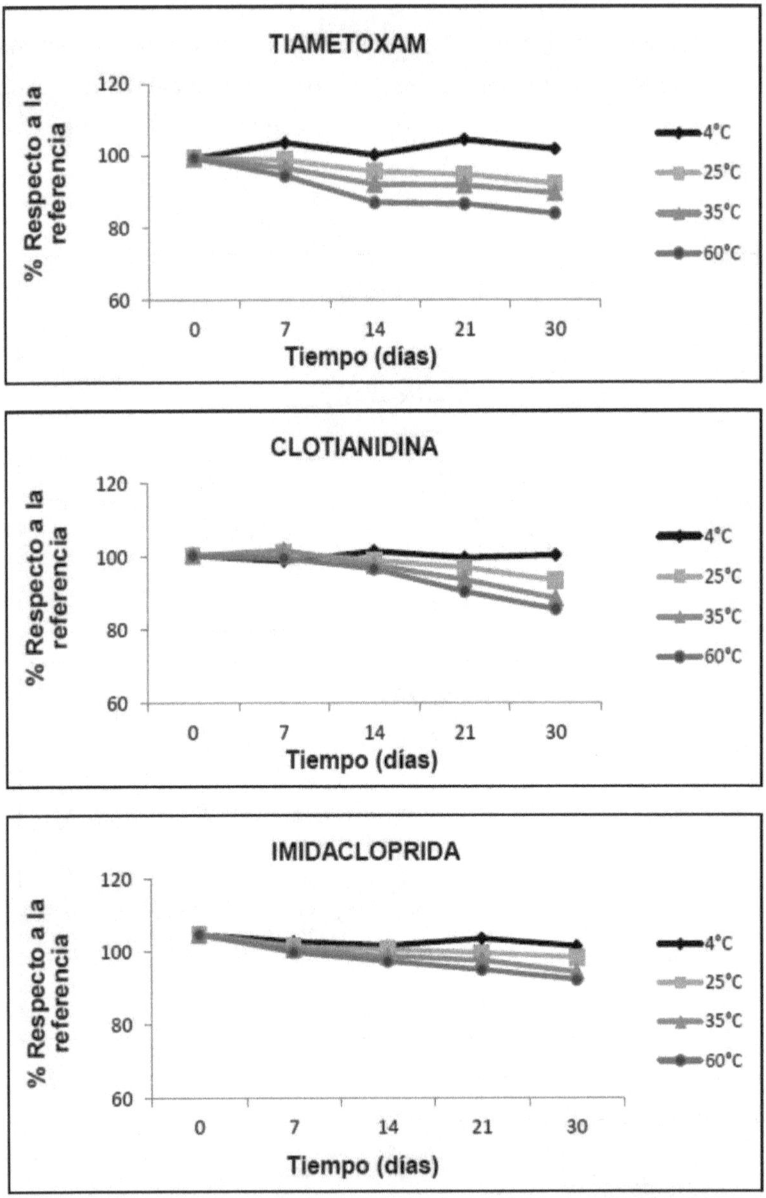


***Figura 7 (continuación).*** *Gráficas correspondientes al estudio de la influencia de la temperatura para el tiametoxam, clotianidina e imidaclopride.*

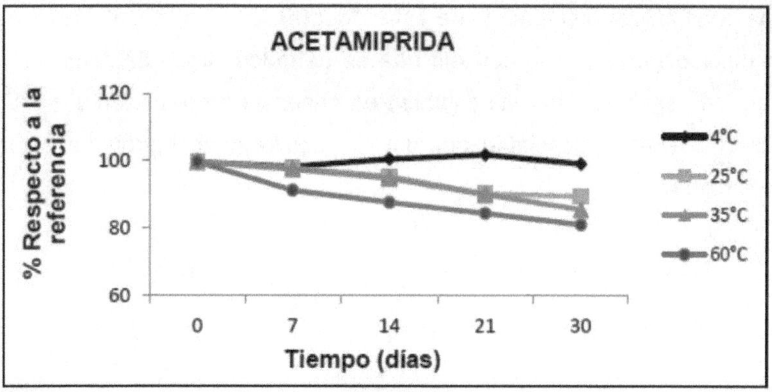


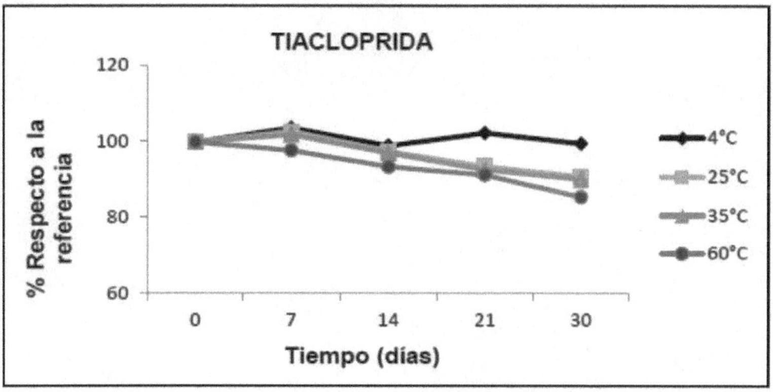


***Figura 7 (continuación).*** *Gráficas correspondientes al estudio de la influencia de la temperatura para acetamiprida y tiaclоprida.*

Al observar los resultados que quedan reflejados en la figura 7 se puede afirmar que todos los analitos son estables en disolución cuando permanecen almacenados en frigorífico (4°C) y que el aumento de la temperatura provoca una disminución en la concentración. A destacar de nuevo en este caso el comportamiento anómalo del nitenpyram frente al resto de analitos, cuya perdida a lo largo del tiempo es mucho mayor.

Una vez finalizado el estudio de estabilidad de los siete neonicotinoides en disolución, se puede concluir que en períodos largos de tiempo (30 días), los analitos son más estables en ausencia de radiación y a 4ºC. Por lo que es aconsejable guardar las disoluciones patrón en estas condiciones.

## IV.3. DETERMINACION DE SIETE NEONICOTINOIDES EN CERA

### IV.3.1. TRATAMIENTO DE MUESTRA

Es bien sabido que los productos de la colmena presentan una composición muy variada, donde la cera es una de las más complejas en la que además se encuentran impurezas propias de la colmena, tales como restos de larvas, abejas, polen y miel, entre otros. Por esta razón es necesario disponer de un procedimiento adecuado de tratamiento de la muestra.

Para desarrollar el procedimiento se trabajó con ceras proporcionadas por el Centro Apícola Regional (CAR) de Marchamalo, en las que previamente se comprobó la ausencia de neonicotinoides.

En una primera etapa, fue necesario estudiar la adición de los siete analitos a la cera para conseguir una mezcla homogénea. Dichos estudios se realizaron en condiciones mínimas de luz y protegiendo la cera de radiación, así y después de varios estudios, la cera fue fundida en un recipiente de aluminio a baño maría a 65° C, luego se adicionó una disolución de los siete neonicotinoides en acetona, posteriormente se homogenizó la mezcla y se esperó 3 minutos a la evaporación del disolvente. Una vez transcurrido este tiempo, se sacó la cera del baño maría y se dejó a temperatura ambiente para que solidificara y así continuar con los estudios. Dicho procedimiento se muestra en la figura 8.

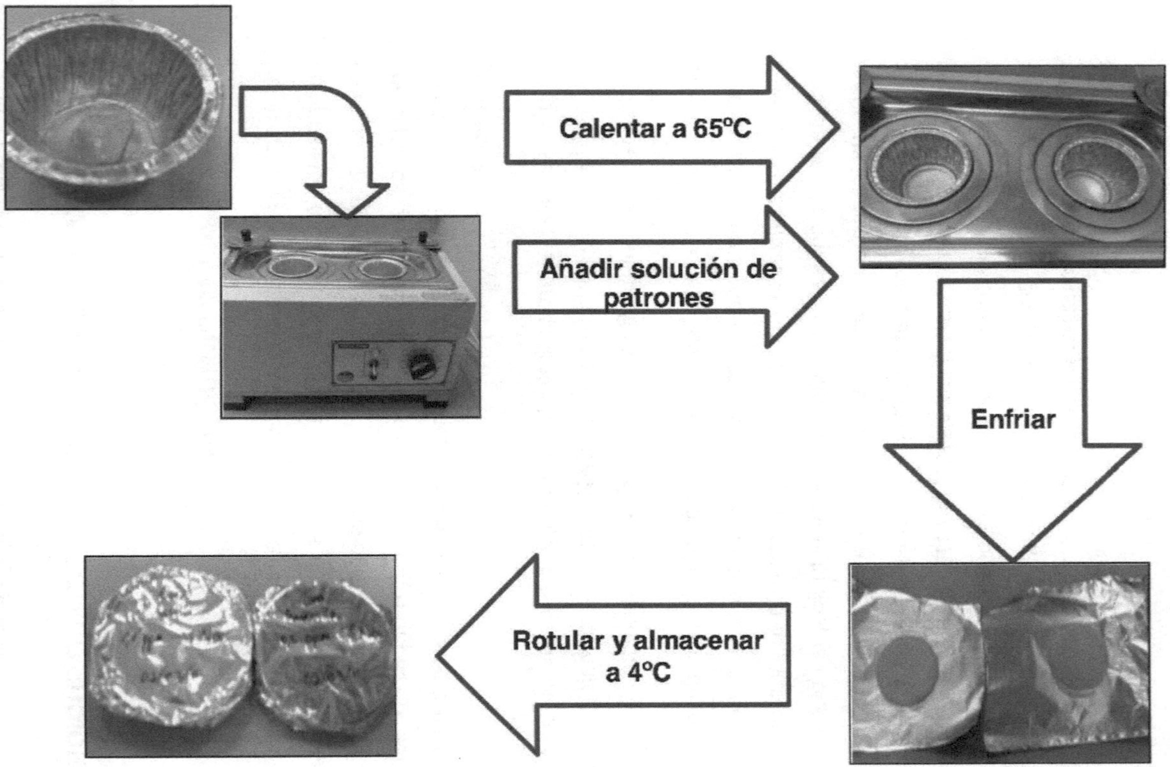


***Figura 8.*** *Esquema del procedimiento de adición de patrones a la cera*

Una vez adicionados los compuestos a la cera, fue necesario realizar unos primeros estudios para establecer la cantidad de cera a extraer. De esta manera con el fin de obtener siempre los mejores límites de cuantificación y debido a los conocimientos obtenidos por el grupo en trabajos anteriores con esta matriz se estudiaron distintas masas de cera entre 0,5 y 2,5 g, empleando volúmenes de disolvente aceptables para después poder eliminar de manera fácil. Se fijó como masa de cera para trabajar de 2 g.

El siguiente paso fue efectuar ensayos de disolución y extracción con distintos disolventes, que deben facilitar la solubilidad de la cera para así favorecer la salida del analito

Primero se pensó en aquellos disolventes donde los siete analitos presentan mayor solubilidad como diclorometano, acetona y acetonitrilo. Además, considerando la experiencia en trabajos previos realizados en nuestro grupo de investigación para la extracción de otros pesticidas desde la cera, también se pensó en el uso de cloroformo y n-hexano, pero los resultados no fueron satisfactorios para ninguno de los disolventes o mezcla de estos, ya que con todos ellos la cera permanece insoluble a temperatura ambiente, dificultando la extracción del analito.

A continuación, con la idea de facilitar la disolución de la cera con los distintos disolventes y facilitar la extracción del analito, se realizaron pruebas de agitación en Vortex, agitador magnético con calefactor y baño de ultrasonidos, a distintas temperaturas y tiempos, los resultados de estas pruebas se muestran en la tabla 6.

***Tabla 6.*** *Pruebas de solubilidad de 2 g cera en 5 mL de distintos disolventes, con agitación, ultrasonidos y a diferentes temperaturas.*

| **Disolvente** | **Agitación** | **Tiempo (min)** | **Temperatura (°C)** | **Solubilidad** |
|---|---|---|---|---|
| Acetonitrilo | - | - | 20 | Insoluble |
| | **Vortex** | **5** | 20 | Insoluble |
| | A. magnético | 20 | 50 | Parcial |
| | Ultrasonido | 20 | 30 | Parcial |
| Acetona | - | - | 20 | Insoluble |
| | **Vortex** | **5** | 20 | Insoluble |
| | A. magnético | 20 | 50 | Soluble |
| | **Ultrasonido** | 20 | 30 | Parcial |
| Acetonitrilo/Acetona (50:50 v/v) | - | - | 20 | Insoluble |
| | Vortex | **5** | 20 | Insoluble |
| | A. magnético | 20 | 50 | Parcial |
| | **Ultrasonido** | 20 | 30 | Parcial |
| Diclorometano | - | - | 20 | Insoluble |
| | **Vortex** | 25 | 20 | Parcial |
| | A. magnético | **5** | 50 | Soluble |
| | Ultrasonido | 20 | 30 | Soluble |
| Cloroformo | - | - | 20 | Insoluble |
| | **Vortex** | 15 | 20 | Parcial |
| | A. magnético | **3** | 50 | Soluble |
| | Ultrasonido | 20 | 30 | Soluble |
| n-hexano | - | - | 20 | Insoluble |
| | **Vortex** | 15 | 20 | Parcial |
| | A. magnético | **3** | 50 | Soluble |
| | Ultrasonido | 20 | 30 | Soluble |

- :Sin agitación

Como se puede observar en la tabla 6 los ultrasonidos ayudan a solubilizar la cera, pero los tiempos son muy elevados, evaporándose casi la totalidad del disolvente en el caso de los más volátiles. Para el caso de acetonitrilo, acetona y la mezcla de ambos, estos no solubilizan totalmente la cera, incluso incorporando agitación y temperatura, por lo que se requieren tiempos demasiado altos para conseguir una disolución total.

Los mejores resultados se obtuvieron para los disolventes más apolares como diclorometano, cloroformo y n-hexano. Para los tres casos se descarta el uso del baño de ultrasonidos porque los tiempos son muy largos considerando que ésta es sólo la etapa de disolución de la cera, a lo que habría que sumarle los demás pasos del tratamiento de muestra. Por otro lado, el uso de agitador magnético, es favorable para todos los disolventes desde el punto de vista de tiempo asociado a la disolución, pero diclorometano y cloroformo se evaporaron muy fácilmente ya que presentan puntos de ebullición de 40°C y 61°C, respectivamente, por lo que su uso tampoco sería conveniente. Si a esto además le sumamos la desventaja que son disolventes organoclorados, entonces el disolvente seleccionado es n-hexano, ya que disuelve la cera, favoreciendo la extracción líquido-líquido.

Una vez seleccionado n-hexano como disolvente para la cera se procedió a realizar las extracciones líquido-líquido para separar los analitos de interés. Se observó cuando se empleaba como extractante agua que las señales obtenidas para los analitos, imidacloprida y nitenpyram eran demasiado bajas, ello podría ser debido a que el primero de ellos presenta una baja solubilidad en n-hexano, en el caso de nitenpyram, se ha descrito con anterioridad este problema cuando se emplea n-hexano como extractante.[93] Debido a lo cual se planteó la posibilidad de aumentar la polaridad del disolvente de la cera. Se realizaron pruebas empleando como disolvente de la cera la mezcla n-hexano/isopropanol, variando su composición desde 5:5 a 9:1 (v/v) y como extractante se empleó agua. Los porcentajes de extracción obtenidos para cada uno de los siete neonicotinoides se muestran en la tabla 7.

***Tabla 7*** *% de recuperación obtenidas después de disolver 2 g de cera con los siete neonicotinoides a 1mg/kg con diferentes mezclas n-hexano/isopropanol empleando como extractante agua (n=3).*

| **Compuesto** | **Mezcla n-hexano/isopropanol** | | | | |
|---|---|---|---|---|---|
| | **5:5** | **6:4** | **7:3** | 8:2 | **9:1** |
| Dinotefuran | 16 | 11 | 76 | 76 | 65 |
| Nitenpyram | 10 | 11 | 35 | 64 | 24 |
| Tiametoxam | 59 | 47 | 71 | 76 | 59 |
| Clotianidina | 92 | 83 | 50 | 79 | 42 |
| Imidacloprida | 56 | 56 | 67 | 78 | 67 |
| Acetamiprida | 59 | 49 | 62 | 77 | 64 |
| Tiacloprida | 74 | 62 | 79 | 84 | 68 |

Los mejores resultados se obtuvieron cuando se empleó la mezcla n-hexano/isopropanol en porporción 8:2 (v/v), donde se lograron porcentajes de recuperación en todos los casos superiores al 75% salvo en el caso del nitenpyram que no superaba el 65%.

Con el fin de aumentar en la medida de lo posible estos porcentajes a continuación se estudiaron otros extractantes que fueran inmiscibles con la mezcla n-hexano-IPA y que además extrajeran los analitos desde la matriz. En cuanto a los resultados obtenidos es necesario indicar que el agua proporcionó mejor separación de las fases y por lo tanto una mejor extracción, que se vio reflejada en mejores recuperaciones, motivo por el cual fue elegido como disolvente extractante. A continuación, se estudiaron los distintos volúmenes de mezcla de disolvente y extractante para una óptima extracción líquido-líquido. Estos resultados se pueden ver en la tabla 8

***Tabla 8.*** *% de recuperaciones obtenidas después de disolver y extraer 2g de cera con los siete neonicotinoides a 1 mg/kg empleando distintas proporciones de ambos (n=3).*

| **Compuesto** | **Volumen n-hexano/isopropanol - Agua (mL)** | | |
|---|---|---|---|
| | **15 – 15** | **10 - 15** | **15 - 10** |
| Dinotefuran | 82 | 89 | 91 |
| Nitenpyram | 58 | 59 | 70 |
| Tiametoxam | 76 | 91 | 93 |
| Clotianidina | 64 | 84 | 88 |
| Imidacloprida | 62 | 74 | 83 |
| Acetamiprida | 66 | 58 | 69 |
| Tiaclоprida | 70 | 88 | 93 |

Como se puede observar, en general los mayores porcentajes de recuperación se obtuvieron cuando los 2 g de cera eran disueltos en 15 mL de la mezcla n-hexano:IPA (8:2) y empleando 10 mL de agua como extractante con porcentajes de recuperación superiores al 83%, salvo para nitenpyram y acetamiprida que no se logró superar el 70% de recuperación.

Una vez seleccionados los volúmenes más adecuados de disolventes para disolver y extraer, el trabajo se centró en estudiar la influencia de la temperatura y el tiempo de extracción sobre la recuperación. En cuanto a la temperatura de extracción se comprobó que al añadir el extractante a temperatura ambiente sobre la cera disuelta a 50ºC en n-hexano:IPA, ésta se solidificaba parcialmente formándose una solución pastosa. Por este motivo se seleccionó trabajar a 60ºC, temperatura que presentaba una serie de ventajas: por un lado permite que la cera permanezca fundida, no se llegaba a la temperatura de ebullición del n-hexano (69°C) por lo que éste no se evapora durante el proceso y además a esta temperatura los analitos eran estables durante corto periodo de tiempo

A pesar de que las extracciones realizadas hasta ahora se habían efectuado con un tiempo de extracción de 5 minutos, fue necesario estudiar la influencia sobre la extracción del tiempo de agitación. Para ello se hicieron una serie de ensayos variando el tiempo desde 0 a 5 minutos. Los resultados obtenidos de estos ensayos se pueden observar en la tabla 9. En este caso se llevó a cabo el estudio a tres niveles de concentración.

Como se puede ver en dicha tabla, la agitación durante la extracción es un factor necesario para mejorar las recuperaciones de los analitos, ya que esto mejora el contacto de los analitos con el extractante. En cuanto a los dos tiempos estudiados, los 5 minutos proporcionan porcentajes más altos de recuperación para todos los neonicotinoides. Tiempos de extracción mayores no fueron beneficiosos para la extracción ya que se favorece la evaporación del n-hexano/isopropanol, dificultando la etapa posterior de separación de fases en el embudo de decantación.

Una vez efectuada la extracción líquido-líquido, fue necesario separar ambas fases, por lo que la mezcla fue depositada rápidamente y en caliente en un embudo de decantación, para separar la cera disuelta (fase orgánica) del agua que contenía los analitos.

***Tabla 9.*** *Recuperaciones obtenidas después de realizar la extracción de 2g de cera a tres niveles de concentración de neonicotinoides (µg/kg) sin agitación y con distintos tiempos de agitación.*

| Compuesto | Sin agitación | | | Con agitación (3 min.) | | | Con agitación (5 min.) | | |
|---|---|---|---|---|---|---|---|---|---|
| | 125 | 250 | 500 | 125 | 250 | 500 | 125 | 250 | 500 |
| Dinotefuran | 62 | 61 | 60 | 83 | 84 | 81 | 85 | 84 | 86 |
| Nitenpyram | 48 | 51 | 52 | 54 | 57 | 56 | 71 | 74 | 78 |
| Tiametoxm | 70 | 65 | 68 | 82 | 83 | 84 | 92 | 85 | 87 |
| Clotianidina | 61 | 59 | 63 | 83 | 85 | 81 | 94 | 96 | 91 |
| Imidaclóprida | 65 | 61 | 67 | 74 | 63 | 76 | 89 | 93 | 91 |
| Acetamiprida | 58 | 54 | 63 | 87 | 95 | 86 | 86 | 90 | 89 |
| Tiaclóprida | 57 | 55 | 62 | 65 | 58 | 63 | 82 | 83 | 86 |

Hasta esta etapa, las recuperaciones de todos los analitos eran superiores al 70%, pero los cromatogramas obtenidos presentaban un gran número de picos, lo que implicaba que las muestras inyectadas contenían una serie de compuestos (hidrocarburos, ésteres...) que además podían producir una mala ionización de los iones para su detección por MS y ensuciaban la fuente de ionización. Para solucionar estos problemas se decidió emplear cartuchos de extracción en fase sólida para llevar a cabo la concentración del extracto líquido en vez de evaporador rotatorio el cual había sido empleado hasta al momento.

En esta etapa se probaron el cartucho Florisil® relleno con silicato de magnesio y un cartucho muy utilizado en la detección de neonicotinoides en distintas matrices, Isolute HM-N, relleno con tierras de diatomeas.

Es importante destacar que el cartucho Isolute HM-N no cumple con el fundamento de la SPE, sino más bien funciona como una extracción líquido-líquido ya que las tierras de diatomeas se hidratan reteniendo el agua y cualquier analito contenido en la fase acuosa, para que posteriormente dichos analitos sean eluidos con cualquier disolvente orgánico. Este procedimiento presenta algunas ventajas con respecto a los otros sorbentes de SPE porque no necesita pre acondicionamiento y además para el tamaño de cartucho seleccionado para un volumen de muestra (10 mL) se emplea un volumen de eluyente (20 mL) definido en las especificaciones por lo que tampoco fue necesario realizar estudios de dichos parámetros.

En estudio de los cartuchos de Florisil®, se efectuó el pre acondicionamiento con 5 mL de metanol y agua. Para a continuación pasar los 10 mL de agua utilizados como extractante. Se evaluó la posibilidad de secar el cartucho, para ello se estudiaron tres tiempos de secado con flujo de nitrógeno entre 5 y 30 minutos, para los cuales no se observaron diferencias significativas en las recuperaciones, por lo que se seleccionaron los 5 minutos priorizando menores tiempos en dicha etapa. En este caso el volumen de elución empleado fue de 5 mL.

En ambos cartuchos se ensayaron cinco disolventes como eluyentes considerando la buena solubilidad de los analitos en cada disolvente, de esta manera se empleó cloroformo, acetato de etilo, diclorometano, acetonitrilo y acetona en cantidades de 5 mL para los cartuchos Florisil® y 20 mL para los Isolute HM-N como ya se ha indicado anteriormente

Otra variable que se consideró ensayar, fue la concentración de los analitos en las muestras, para así evaluar si las recuperaciones eran reproducibles a distintas concentraciones. De esta manera se ensayaron tres niveles de concentración de cada neonicotinoide en cera, entre 125 y 500 μg/kg. Los resultados de las recuperaciones obtenidas para cada cartucho, disolvente y concentración ensayada se pueden ver en la tabla 10.

***Tabla 10.*** *Recuperaciones obtenidas después de las etapas de extracción de 2g de cera a tres niveles de concentración y limpieza con distintos disolventes para los dos cartuchos propuestos (n=3).*

| **Cartucho*** | **Isolute HM-N e** | | | **Florisil®** | | | **Isolute HM-N** | | | **Florisil®** | | | **Isolute HM-N** | | | **Florisil®** | | |
|---|---|---|---|---|---|---|---|---|---|---|---|---|---|---|---|---|---|---|
| **Disolvente** | **Cloroformo** | | | | | | **Acetato de etilo** | | | | | | **Diclorometano** | | | | | |
| **Concentración (µg/kg)** | **125** | **200** | **500** | **125** | **200** | **500** | **125** | **200** | **500** | **125** | **200** | **500** | **125** | **200** | **500** | **125** | **200** | **500** |
| Dinotefuran | 63 | 65 | 64 | 11 | 15 | 12 | 42 | 41 | 46 | 12 | 13 | 11 | 49 | 47 | 48 | 9 | 10 | 11 |
| Nitenpyram | 49 | 56 | 51 | 18 | 20 | 19 | 19 | 22 | 21 | 6 | 10 | 6 | 35 | 33 | 33 | 12 | 12 | 12 |
| Tiametoxam | 65 | 59 | 65 | 16 | 13 | 15 | 44 | 46 | 45 | 21 | 16 | 18 | 56 | 54 | 54 | 13 | 10 | 12 |
| Clotianidina | 48 | 48 | 47 | 19 | 16 | 17 | 49 | 48 | 47 | 14 | 15 | 11 | 55 | 55 | 54 | 10 | 16 | 14 |
| Imidacloprida | 40 | 37 | 38 | 29 | 33 | 34 | 50 | 51 | 55 | 28 | 30 | 34 | 57 | 58 | 54 | 25 | 27 | 28 |
| Acetamiprida | 29 | 29 | 30 | 46 | 48 | 47 | 41 | 49 | 51 | 40 | 38 | 43 | 59 | 61 | 59 | 35 | 38 | 33 |
| Tiaclioprida | 27 | 24 | 26 | 50 | 55 | 49 | 45 | 45 | 42 | 48 | 47 | 50 | 62 | 63 | 59 | 40 | 46 | 42 |

*Isolute HM-N eluido con 20 mL y Florisil® con 5 mL.

***Tabla 10*** *(continuación). Recuperaciones obtenidas después de las etapas de extracción de 2g de cera a tres niveles de concentración y limpieza con distintos disolventes para los dos cartuchos propuestos (n=3).*

| **Cartucho*** | **Isolute HM-N** | | | **Florisil®** | | | **Isolute HM-N** | | | **Florisil®** | | |
|---|---|---|---|---|---|---|---|---|---|---|---|---|
| **Disolvente** | **Acetonitrilo** | | | | | | **Acetona** | | | | | |
| **Concentración (µg/kg)** | **125** | **200** | **500** | **125** | **200** | **500** | **125** | **200** | **500** | **125** | **200** | **500** |
| Dinotefuran | 94 | 95 | 97 | 21 | 20 | 23 | 101 | 103 | 102 | 18 | 18 | 19 |
| Nitenpyram | 81 | 88 | 85 | 14 | 16 | 14 | 97 | 99 | 98 | 26 | 24 | 27 |
| Tiametoxam | 78 | 84 | 80 | 11 | 14 | 10 | 93 | 91 | 96 | 14 | 17 | 16 |
| Clotianidina | 89 | 91 | 92 | 13 | 17 | 15 | 97 | 98 | 95 | 25 | 23 | 21 |
| Imidacloprida | 78 | 87 | 80 | 27 | 28 | 27 | 90 | 96 | 94 | 47 | 42 | 48 |
| Acetamiprida | 81 | 85 | 85 | 30 | 35 | 36 | 90 | 94 | 95 | 50 | 54 | 57 |
| Tiacloprida | 81 | 82 | 81 | 58 | 54 | 56 | 84 | 89 | 85 | 72 | 70 | 74 |

*Isolute HM-N eluido con 20 mL y Florisil® con 5 mL.

Como puede observarse, los mejores resultados se obtuvieron para los cartuchos Isolute HM-N con recuperaciones muy superiores a las obtenidas con los cartuchos Florisil® para todos los analitos y disolventes más polares (diclorometano, acetonitrilo y acetona). Tiaclоprida y acetamiprida fueron los únicos analitos que dieron recuperaciones mayores usando los cartuchos Florisil® con disolventes apolares (cloroformo y acetato de etilo). En cuanto al mejor eluyente, los resultados fueron superiores con acetona para todos los analitos y concentraciones, por lo que este disolvente fue el seleccionado para esta etapa, obteniéndose en todos los casos recuperaciones superiores al 85%. Además los cromatogramas obtenidos en todos los casos eran muchos más limpios que los que se obtenían antes de llevar a cabo una limpieza empleando los cartuchos.

Con respecto a los tres niveles de concentración ensayados, las recuperaciones no presentan diferencias significativas entre cada concentración, por lo que se puede concluir que los resultados son repetibles a las distintas concentraciones de analitos estudiadas.

A la vista de los resultados de la tabla 10, se seleccionó el cartucho Isolute HM-N para la extracción-limpieza en fase sólida y como eluyente acetona, en un volumen de 20 mL.

Es importante mencionar que durante todos los ensayos, cada extracto ha sido concentrado en evaporador rotatorio a 40° C, el residuo obtenido ha sido reconstituido en 1 mL de fase móvil y posteriormente filtrado con filtro de jeringa de 0,45 µm.

Aunque en todos los ensayos efectuados el reconstituyente ha sido fase móvil y se han obtenido buenas recuperaciones para la mayoría de los analitos empleando los cartuchos Isolute HM-N, fue necesario mejorar la disolución del residuo que queda después de la evaporación, ya que se observa una pequeña cantidad de material insoluble que nos hace pensar que podríamos aumentar las recuperaciones de aquellos analitos que están por debajo del 85%. En este sentido se estudió el disolvente para la reconstitución. Para ello se probó la redisolución con la fase móvil inicial (90:10 fórmico0.1%: acetonitrilo), agua, acetonitrilo y mezcla de estos dos últimos. Los resultados de dichos ensayos se muestran en la tabla 11.

***Tabla 11.*** *Recuperaciones obtenidas después de extraer 2 g de cera con los siete analitos a 500 µg/kg y reconstituidos en 1 mL de distintos disolventes.*

| **Compuesto** | **Recuperaciones (%)** | | | |
|---|---|---|---|---|
| | **Fase móvil** | **Agua** | **Acetonitrilo** | **Agua/acetonitrilo (50:50)** |
| Dinotefuran | 98 | 102 | 97 | 110 |
| Nitenpyram | 96 | 97 | 70 | 94 |
| Tiametoxam | 95 | 96 | 81 | 95 |
| Clotianidina | 94 | 101 | 94 | 107 |
| Imidacloprida | 92 | 94 | 108 | 111 |
| Acetamiprida | 95 | 83 | 97 | 98 |
| Tiacloprida | 85 | 92 | 106 | 103 |

Como se puede observar en la tabla las recuperaciones son ligeramente más altas al emplear como disolvente la mezcla agua/acetonitrilo (50:50), la cual fue seleccionada, además al emplear dicha mezcla las relaciones señal/ruido obtenidas fueron más altas generando límites de detección y cuantificación más bajos.

De esta manera y habiendo optimizado todos los parámetros antes mencionados, el extracto resultante fue transferido a un balón de fondo redondo de 25 mL para ser evaporado a sequedad a 40°C en el rotavapor. A continuación el residuo fue reconstituido en 1 mL de agua/acetonitrilo (50:50 v/v), y pasado a través de un filtro de jeringa de 0,45 µm, para finalmente inyectar una alícuota de 15 µL en el equipo de LC-ESI-MS con las condiciones mencionadas en el apartado anterior. Un resumen del tratamiento de muestra se muestra la figura 9.

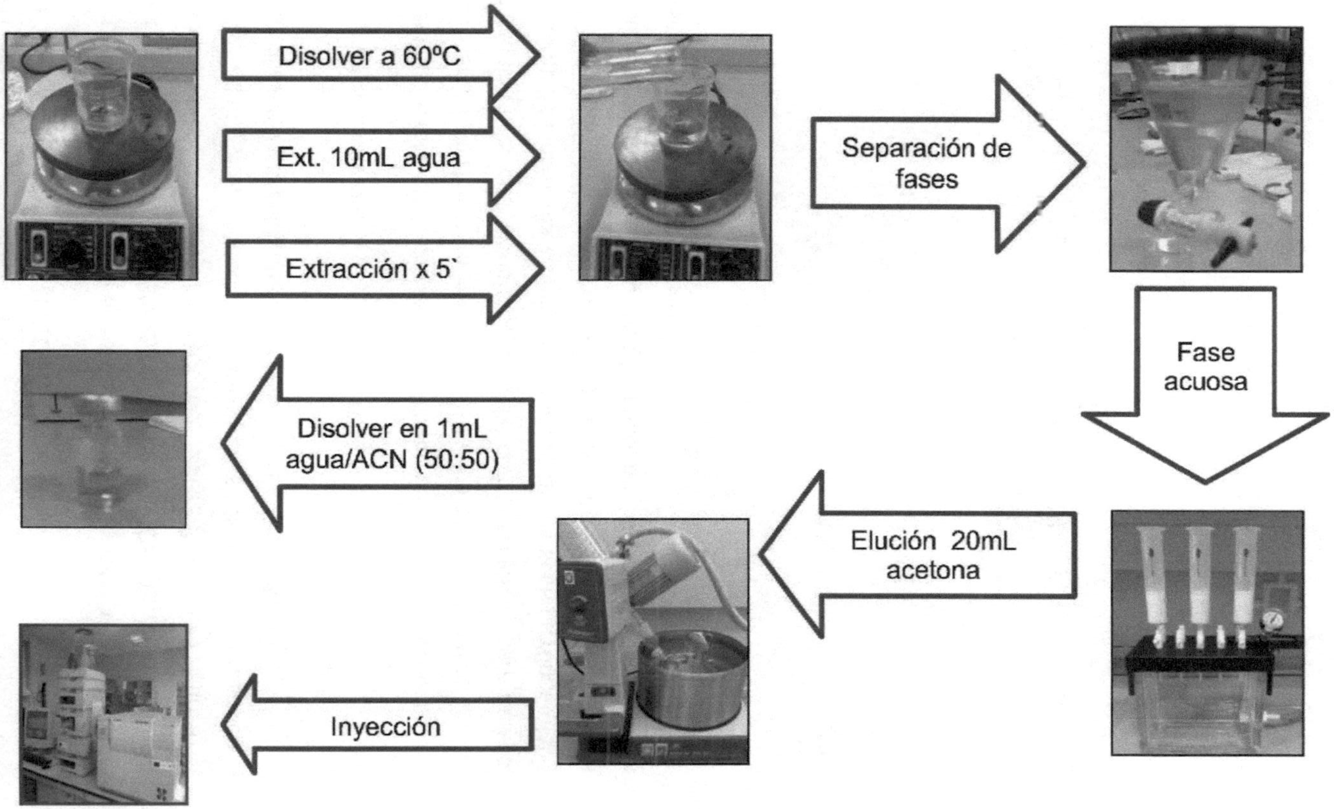


***Figura 9**. Esquema del tratamiento de muestra de cera*

## IV.3.2. VALIDACION DEL MËTODO

La validación del método se realizó siguiendo las directrices marcadas por el documento SANCO/825/00,[143] la guía ICH Tópico Q2[144] y el informe técnico de la IUPAC del 2002.[145] Determinándose la selectividad, la linealidad y efecto matriz, límites de detección y cuantificación y repetitividad para el método LC-ESI-MS.

### IV.3.2.1 Selectividad

Para la evaluación de la selectividad del método propuesto se compararon los cromatogramas de extractos de cera tratados que no contenían neonicotinoides (figura 10, A) con extractos de cera tratados a los que se les había añadido una mezcla de los siete patrones (figura 10, B). Como se observa en la figura no hay coelución con componentes de la matriz por lo tanto no hay interferencias a los tiempos que eluye cada analito.

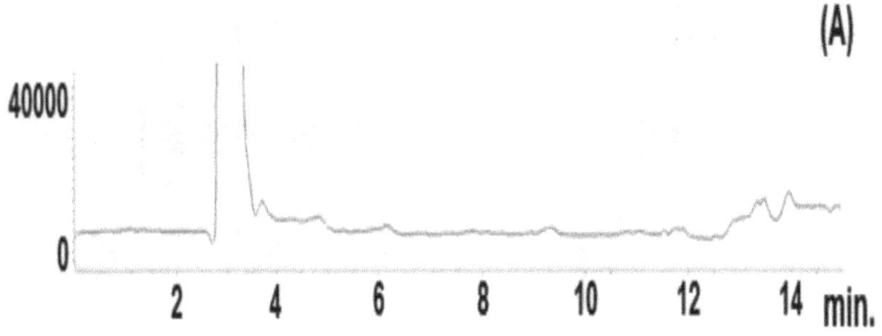

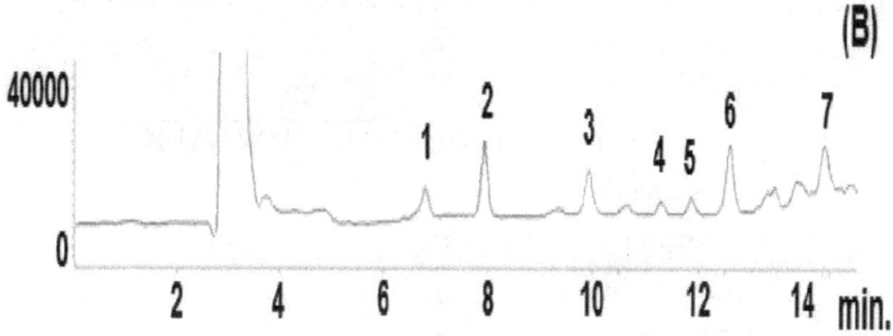


***Figura 10**. Cromatogramas representativos LC-ESI-MS (SIM) de (A) cera tratada y (B) cera con 250 µg/kg de dinotefuran (1), nitenpyram (2), tiametoxam (3), clotianidina (4),imidaclóprida (5), acetamiprida (6) y tiaclóprida (7).*

### IV.3.2.2. Límite de detección y cuantificación

En una primera etapa, se inyectaron una serie de extractos de cera libres de neonicotinoides, denominados extractos blancos, a los cuales se les midió el valor del ruido de la respuesta analítica al tiempo que eluye cada uno de los neonicotinoides y en una segunda etapa, se inyectaron extractos de cera con los siete analitos adicionados previamente y realizando diluciones sucesivas hasta obtener una señal.

Una vez obtenido el ruido y las señales, se calcularon los límites de detección (LOD) y cuantificación (LOQ), correspondientes a aquellas concentraciones que proporcionaban 3 y 10 veces la relación señal/ruido, respectivamente.

Los valores de LOD y LOQ calculados para el método propuesto se muestran en la tabla12.

***Tabla 12**. Límites de detección y cuantificación de cada compuesto en cera.*

| Compuesto | LOD (µg/kg) | LOQ (µg/kg) |
|---|---|---|
| Dinotefuran | 2,0 | 6,0 |
| Nitenpyram | 0,4 | 1,5 |
| Tiametoxam | 0,9 | 3,0 |
| Clotianidina | 2,3 | 7,0 |
| Imidaclopride | 2,0 | 6,0 |
| Acetamiprida | 0,6 | 2,0 |
| Tiacloprida | 1,2 | 4,0 |

### IV.3.2.3. Linealidad y efecto matriz

Para llevar a cabo el estudio de la linealidad se preparó una línea de calibrado de patrones en disolución y otra de ceras sometidas al tratamiento, a las cuales se les adicionó una alícuota de solución de los siete analitos enrasada a 1mL en un intervalo de concentración del límite de cuantificación a 1000 µg/kg. El intervalo lineal para cada compuesto se puede observar en la tabla 13, junto con los resultados obtenidos para cada ecuación de la recta, obtenida utilizando el método de patrón externo y ajustando con mínimos cuadrados.

Para verificar la tendencia de la regresión se aplicó la prueba t, En este caso se cumple que la $t_{exp} > t_{tab}$ para todos los analitos, por lo tanto se acepta que el método es lineal. En cuanto al valor del coeficiente de determinación ($r^2$), se puede deducir el buen ajuste de los calibrados, ya que sus valores se encuentran entre 0,992 y 0,999 en todos los casos.

Para verificar el efecto matriz, se realizó la comparación de las pendientes de las líneas de calibrado de cada analito en disolución y las pendientes de las líneas de calibrado de ceras tratadas a las cuales se les adicionó los analitos después del tratamiento (tabla13). De esta manera se pudo evaluar que existe un efecto matriz entre un 21 y 39%, por lo que la cuantificación de los siete neonicotinoides debe ser realizada sobre un calibrado en ceras.

***Tabla13*** *Intervalo analítico y parámetros de la línea de calibrado para cada compuesto (n=6)*

| Compuesto | Calibrado | Concentración (µg/kg) | a $(x10^3)$ | $S_a$ $(x10^3)$ | b $(x10^3)$ | $S_b$ $(x10^3)$ | $R^2$ | $S_{y/x}$ $(x10^3)$ |
|---|---|---|---|---|---|---|---|---|
| Dinotefuran | Disolución | 6 – 1.000 | 259,6 | 52,8 | 22,3 | 0,22 | 0,999 | 133,7 |
| | Cera | | 215,6 | 42,2 | 20,2 | 0,17 | 0,996 | 131,1 |
| Nitenpyram | Disolución | 1,5 – 1.000 | 306,8 | 88,1 | 47,4 | 0,37 | 0,999 | 223,2 |
| | Cera | | 288,1 | 69,9 | 41,4 | 0,29 | 0,998 | 216,9 |
| Tiametoxam | Disolución | 3,0 – 1.000 | 100,5 | 19,1 | 13,2 | 0,08 | 0,999 | 48,3 |
| | Cera | | 71,9 | 25,3 | 9,3 | 0,10 | 0,998 | 78,4 |
| Clotianidina | Disolución | 7,0 – 1.000 | 24,9 | 9,1 | 11,6 | 0,04 | 0,999 | 23,2 |
| | Cera | | -80,1 | 10,1 | 7,6 | 0,04 | 0,996 | 31,2 |
| Imidaclsoprida | Disolución | 6,0 – 1.000 | -21,4 | 16,1 | 12,4 | 0,07 | 0,999 | 40,7 |
| | Cera | | 25,9 | 12,0 | 8,1 | 0,05 | 0,998 | 37,2 |
| Acetamiprida | Disolución | 2,0 – 1.000 | 17,6 | 24,1 | 23,1 | 0,10 | 0,999 | 61,1 |
| | Cera | | 444,4 | 30,1 | 16,4 | 0,12 | 0,998 | 93,1 |
| Tiacloprida | Disoluicón | 4,0 – 1.000 | 4,5 | 19,5 | 16,8 | 0,08 | 0,999 | 49,4 |
| | Cera | | -145,1 | 17,3 | 12,1 | 0,07 | 0,992 | 53,7 |

### IV.3.2.4. Precisión y Exactitud

La precisión del método se estableció en términos de repetitividad y precisión intermedia. Para ello se procedió a inyectar por sextuplicado tres muestras de cera a las cuales se adicionó una disolución de los siete patrones a tres niveles de concentración y que fueron sometidas al tratamiento de muestra seleccionado. En el caso de la evaluación de repetitividad, las inyecciones se hicieron el mismo día, mientras que para el estudio de la precisión intermedia, dichas inyecciones fueron realizadas en tres días consecutivos. Los resultados que se obtuvieron se detallan en la tabla14.

Como se puede observar en dicha tabla, los coeficientes de variación no superan el 8%, valores que se ajustan a la precisión cuando se analizan trazas, según lo establecido por la Comisión Europea en su documento SANCO/825/00.[143]

Para evaluar la exactitud se sometió al tratamiento de muestra seleccionado a cinco muestras y a tres niveles de concentración, determinado en cada uno de los casos de los porcentajes de recuperación. De los resultados de la tabla se puede concluir que el método puesto a punto conduce a resultados exactos puesto que se obtienen en todos los casos porcentajes superiores al 85%, lo cual supondrían errores inferiores a un 15% en el análisis de muestras Valores aceptables para este tipo de analitos en muestras de cera a nivel de trazas.

***Tabla 14*** *Estudios de precisión y exactitud del método.*

| Compuesto | Concentración (μg/kg) | Estudios de precisión (n=6) | | | | Estudios de Exactitud (n=5) | | |
|---|---|---|---|---|---|---|---|---|
| | | Repetitividad | | Precisión intermedia | | | | |
| | | Concentración (μg/kg) | CV (%) | Concentración (μg/kg) | CV (%) | Concentración (μg/kg) | Recuperación (%) | CV (%) |
| Dinotefuran | 10 | 9,9 | 5,2 | 9,7 | 5,1 | 9,9 | 100 | 7,0 |
| | 200 | 203 | 5,9 | 203 | 5,9 | 204 | 102 | 5,3 |
| | 1000 | 1045 | 4,1 | 1041 | 5,2 | 1049 | 105 | 4,2 |
| Nitenpyram | 4 | 3,4 | 2,8 | 3,5 | 2,9 | 3,7 | 93 | 4,1 |
| | 200 | 196 | 4 | 199 | 4,9 | 198 | 99 | 5 |
| | 1000 | 1012 | 7,2 | 1008 | 5,0 | 1010 | 101 | 5,3 |
| Tiametoxam | 4 | 3,7 | 8,3 | 3,8 | 6,9 | 3,5 | 87 | 6,1 |
| | 200 | 183 | 4,4 | 185 | 5,9 | 180 | 90 | 5,3 |
| | 1000 | 856 | 7,2 | 860 | 7,2 | 854 | 85 | 6,1 |

***Tabla 14*** *(continuación). Estudio de precisión y exactitud del método.*

| Compuesto | Concentración (µg/kg) | Estudios de precisión (n=6) | | | | Estucios de exactitud (n=5) | | |
|---|---|---|---|---|---|---|---|---|
| | | Repetitividad | | Precisión intermedia | | | | |
| | | Concentración (µg/kg) | CV (%) | Concentración (µg/kg) | CV (%) | Concentración (µg/kg) | Recuperación (%) | CV (%) |
| Clotianidina | 10 | 10,5 | 5,1 | 9,9 | 3,9 | 10,4 | 104 | **4,9** |
| | 200 | 196 | 6,0 | 195 | 2,9 | 194 | 97 | **5,9** |
| | 1000 | 1018 | 8,0 | 1022 | 4,8 | 1023 | 102 | **5,3** |
| Imidacloprida | 10 | 9,5 | 7,1 | 9,1 | 3,9 | 9,1 | 91 | **6,3** |
| | 200 | 190 | 6,9 | 187 | 5,9 | 188 | 94 | **5,2** |
| | 1000 | 982 | 7,9 | 984 | 7,0 | 984 | 98 | **5,2** |
| Acetamiprida | **4** | 3,8 | 2,9 | 3,7 | 6,0 | 3,8 | 95 | **6,1** |
| | 200 | 187 | 5,3 | 190 | 7,3 | 186 | 93 | **5,1** |
| | 1000 | 984 | 7,9 | 985 | 3,1 | 981 | 98 | **4,9** |
| Tiaclоprida | 10 | 9,1 | 5,1 | 9,0 | 3,1 | 9,1 | 91 | **5,1** |
| | 200 | 177 | 6,4 | 174 | 5,2 | 176 | 88 | **5,1** |
| | 1000 | 921 | 8,0 | 925 | 7,0 | 923 | 92 | **5,9** |

## IV.3.3. APLICACIÓN DEL MÉTODO

El método propuesto se ha aplicado al análisis de ceras provenientes de distintos apiarios cercanos a zonas agrícolas con árboles frutales de la región de Murcia.

Antes de llevar a cabo el tratamiento de muestra fue necesario separar de los trozos de colmena las distintas matrices, miel, polen, cera e incluso restos de abejas y larvas muertas. Una vez separadas como puede verse en la figura 11 cada muestra de cera fue almacenada en tubos de centrifuga, en oscuridad y a 4°C.

Para el análisis de residuos de neonicotinoides en cera, las muestras fueron sometidas al tratamiento de muestra puesto a punto y validado en los apartados anteriores. Los resultados obtenidos en dichos análisis se muestran en la tabla 15

Destacar que de las 30 muestras de cera analizadas en ninguna de ellas se encontraron residuos de los neonicotinoides dinotefuran, nintenpyram, clotiadina ni tiaclоprida por encima de los límites de detección. En una de las muestras se cuantificaron residuos de imidacloprida (39 μg/Kg). En ocho muestras se encontraron cantidades de tiametoxam entre 25-153 μg/kg, en tres de estas ocho además se cuantificaron residuos de acetamiprida entre 11-61 μg/Kg. Una muestra dio positiva solo en este último neonicotinoide. Destacan que tanto el tiametoxam como la acetamiprida pueden emplearse en el cultivo de frutales.

***Figura 11.*** *Trozo de panal y productos obtenidos después de la separación.*

***Tabla15.*** *Concentraciones (µg/kg) de cada neonicotinoide en muestras de cera obtenidas de distintas colmenas.*

| Muestra | Compuesto | | | | | | |
|---|---|---|---|---|---|---|---|
| | **Dinotefuran** | **Nitenpyram** | **Tiametoxam** | **Clotianidina** | **Imidacloprida** | **Acetamiprida** | **Tiacloprida** |
| 1 | <LOD | <LOD | <LOD | <LOD | <LOD | <LOD | <LOD |
| 2 | <LOD | <LOD | **153** | <LOD | <LOD | <LOD | <LOD |
| 3 | <LOD | <LOD | <LOD | <LOD | <LOD | <LOD | <LOD |
| 4 | <LOD | <LOD | **139** | <LOD | <LOD | <LOD | <LOD |
| 5 | <LOD | <LOD | **115** | <LOD | <LOD | <LOD | <LOD |
| 6 | <LOD | <LOD | **14** | <LOD | <LOD | <LOD | <LOD |
| 7 | <LOD | <LOD | <LOD | <LOD | <LOD | <LOD | <LOD |
| 8 | <LOD | <LOD | <LOD | <LOD | <LOD | <LOD | <LOD |
| 9 | <LOD | <LOD | <LOD | <LOD | <LOD | <LOD | <LOD |
| 10 | <LOD | <LOD | **39** | <LOD | <LOD | **11** | <LOD |
| 11 | <LOD | <LOD | <LOD | <LOD | <LOD | <LOD | <LOD |
| 12 | <LOD | <LOD | <LOD | <LOD | <LOD | <LOD | <LOD |
| 13 | <LOD | <LOD | <LOD | <LOD | <LOD | <LOD | <LOD |
| 14 | <LOD | <LOD | <LOD | <LOD | <LOD | **36** | <LOD |
| 15 | <LOD | <LOD | **25** | <LOD | <LOD | <LOD | <LOD |
| 16 | <LOD | <LOD | <LOD | <LOD | <LOD | **23** | <LOD |
| 17 | <LOD | <LOD | <LOD | <LOD | <LOD | <LOD | <LOD |
| 18 | <LOD | <LOD | <LOD | <LOD | <LOD | <LOD | <LOD |
| 19 | <LOD | <LOD | **33** | <LOD | <LOD | **61** | <LOD |
| 20 | <LOD | <LOD | <LOD | <LOD | <LOD | <LOD | <LOD |
| 21 | <LOD | <LOD | <LOD | <LOD | <LOD | <LOD | <LOD |
| 22 | <LOD | <LOD | **58** | <LOD | <LOD | <LOD | <LOD |
| 23 | <LOD | <LOD | <LOD | <LOD | <LOD | <LOD | <LOD |
| 24 | <LOD | <LOD | <LOD | <LOD | **39** | <LOD | <LOD |

| | | | | | | | |
|---|---|---|---|---|---|---|---|
| 25 | <LOD | <LOD | <LOD | <LOD | <LOD | <LOD | <LOD |
| 26 | <LOD | <LOD | <LOD | <LOD | <LOD | <LOD | <LOD |
| 27 | <LOD | <LOD | <LOD | <LOD | <LOD | <LOD | <LOD |
| 28 | <LOD | <LOD | <LOD | <LOD | <LOD | <LOD | <LOD |
| 29 | <LOD | <LOD | <LOD | <LOD | <LOD | <LOD | <LOD |
| 30 | <LOD | <LOD | <LOD | <LOD | <LOD | <LOD | <LOD |

## IV.3.4. PERSISTENCIA DE NEONICOTINOIDES EN CERA DE ABEJAS

### IV.3.4.1. Introducción

La persistencia de los plaguicidas en la cera de abejas es una problemática de interés no sólo para los apicultores, sino también para el mundo científico y sanitario, ya que como se mencionó anteriormente, este preciado producto es un bioacumulador[77-79] de contaminantes que podrían estar afectando a la población de abejas. Acumulación que además tiene otro efecto sobre la colmena, ya que hay estudios que han demostrado su migración desde la cera a otros productos, como la miel[82-84]. Incluso se han aplicado modelos predictivos para explicar la difusión de algunos contaminantes dentro de la colmena, concluyendo que los compuestos efectivamente difunden y que ambas matrices son capaces de retener pesticidas por largo tiempo.[146]

Este fenómeno es bien conocido por la industria argentina, que el año 2004 se vio enfrentada a una de las pérdidas económicas más grandes de la historia apícola debido a la contaminación de sus mieles por nitrofuranos, compuestos empleados en el tratamiento de las colmenas para el control de enfermedades bacterianas y parasitarias.[147] Estudios que posteriormente demostraron que los metabolitos de dichos contaminantes persisten en la cera por lo menos durante siete años, que la movilización de los contaminantes se genera por intercambio de cuadros que los apicultores realizan dentro de la colmena y que las mismas abejas transportan contaminantes desde cuadros contaminados a cuadros nuevos, facilitando su movilización.[148,149]

En lo que se refiere a la persistencia de neonicotinoides en distintas matrices, se han encontrado algunos estudios que investigan la degradación de estos compuestos por efectos de la radiación solar en suelos,[150] en grasas y cutículas de plantas[151] o un trabajo más reciente que estudia la disipación de tiametoxam y tiacloprida en aguas residuales, lodos de depuradoras y soluciones surfactantes (tensoactivas), donde concluyen que bajo las mismas condiciones, tiametoxam degrada más fácilmente y tiacloprida es más resistente a la fotodescomposición.[152]

Otros estudios importantes de mencionar, son aquellos que evalúan los efectos de la radiación sobre neonicotinoides[153] o sus metabolitos[154] (degradación fotolítica) y aquellos que además de luz, utilizan un catalizador ($TiO_2$), reacción conocida como degradación fotocatalítica.[153-155] Trabajos que indican que los neonicotinoides estudiados generan una gran variedad de metabolitos o productos de degradación,[154-156] que dichas degradaciones siguen cinéticas de primer orden[154,155] y donde por primera vez se informa que clotianidina es un producto de transformación de tiametoxam.[154]

En este contexto y considerando los estudios antes expuestos, nos planteamos el examinar la persistencia de los neonicotinoides en cera de abejas, evaluando la variación de la concentración de cada uno de ellos en cera sometida a distintas condiciones ambientales, durante un período de 120 días.

### IV.3.4.2. Evaluación de la persistencia.

Los ensayos se llevaron a cabo adicionando los analitos, disueltos en acetona, a la cera fundida. Se evaluó el efecto que tiene la temperatura y la radiación sobre la persistencia de los siete neonicotinoides en la cera de abejas. Para ello el trabajo se dividió en tres etapas con distintas condiciones ambientales cada una.

- Primer estudio: Se fijaron las condiciones ambientales que se tienen dentro de la colmena, es decir una temperatura media de 35°C y ausencia de la luz.
- Segundo estudio: Con la idea de evaluar el efecto de la temperatura, el experimento se realizó a temperatura ambiente y en ausencia de luz.
- Tercer estudio: Para evaluar el efecto de la luz, se consideró realizar el estudio a temperatura ambiente y en presencia de luz.

La persistencia de los analitos fue evaluada durante 120 días, y a tres niveles de concentración (50,100 y 250 µg/kg)·para lo cual se procedió a tomar periódicamente una muestra representativa que se sometió al tratamiento y análisis por LC-MS. Cada día de medición se prepararon las disoluciones de referencia de las mismas concentraciones para contrastar los resultados. En las siguientes figuras se agrupan las gráficas de cada analito para una fácil comparación de los efectos de cada variable estudiada.

En la figura 12 se muestra la persistencia del dinoterufan en la cera a lo largo de los tres meses en condiciones citadas.

DINOTEFURAN:

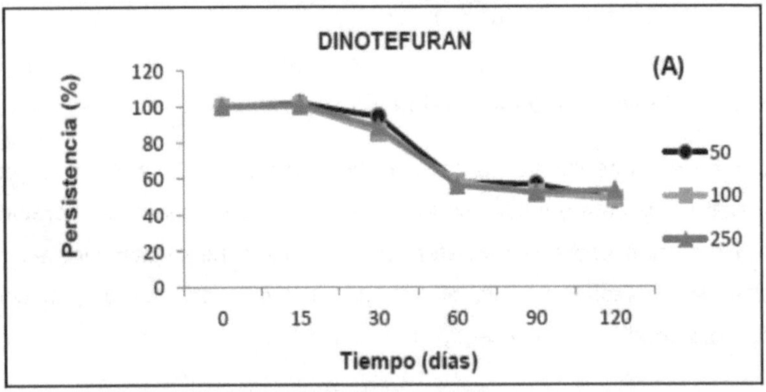

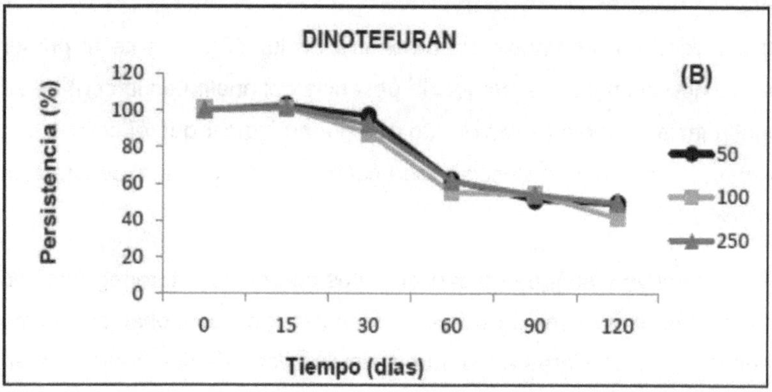


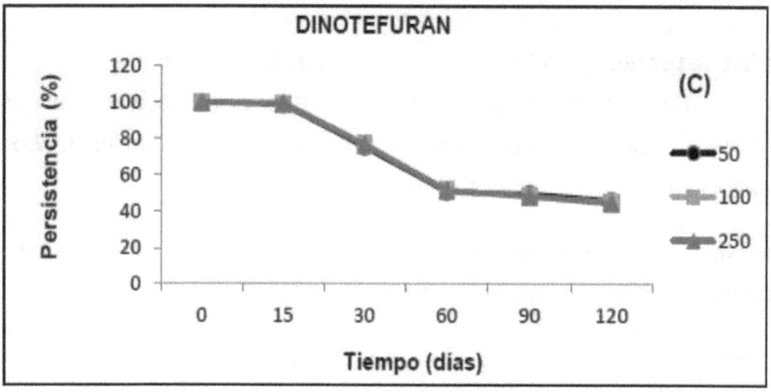


***Figura 12.*** *Gráfico que muestra la persistencia de dinotefuran en cera en ausencia de radiación a 35°C **(A)** y 25°C **(B)** y a 25°C expuesta a la radiación **(C)** a tres niveles de concentración.*

A la vista de los resultados se pueda afirmar que el dinotefuran permanece en la cera durante los primeros 15 días independientemente de las condiciones ambientales y al final de estudio éste ha reducido su presencia en la cera del orden del 50% para la tres concentraciones y condiciones estudias.

En cuanto a la influencia de la luz, se puede decir que la persistencia de dinotefuran es más alta en los estudios realizados en ausencia de luz

(B) con respecto al estudio en presencia de luz (C), durante el primer mes ya que al finalizar el estudio la pesencia del analito en la cera no se ve influenciada por la radiación. Lo que podría indicar que el compuesto es menos estable y se descompone cuando la cera está expuesta a la radiación.

En este sentido y aunque no existen datos acerca de la fotodegradación de dinotefuran en cera de abejas, es importante mencionar que estos resultados son similares a los suministrados por estudios realizados en otras matrices.[150,152]

En lo que respecta a la temperatura, si se comparan las gráficas (A) y (B) de la figura 12, se puede observar que este factor no influye signifcativamente en la persistencia del pesticida, llegando en ambos casos a valores del orden de 50%.

Los resultados obtenidos para el estudio de la persistencia del nitenpyram en cera se muestran en la figura 13.

NITENPYRAM:

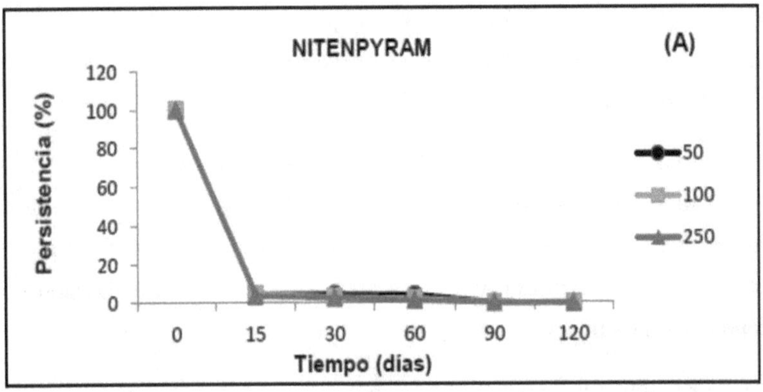

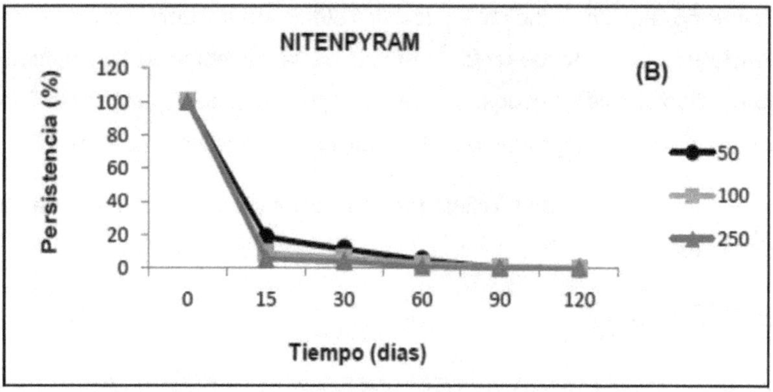


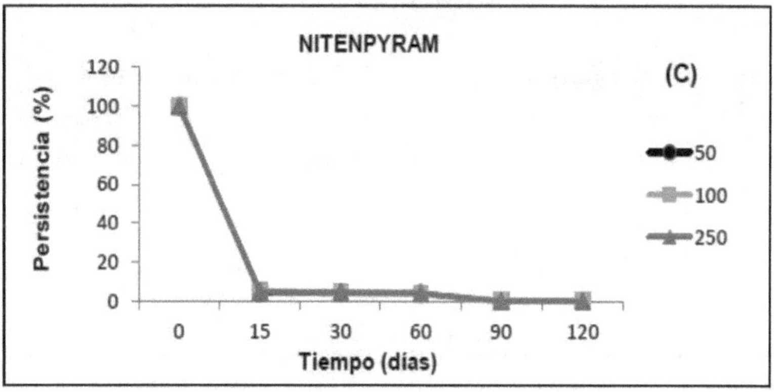


***Figura 13.*** *Gráfico que muestra la persistencia de nitenpyram en cera en ausencia de radiación a 35ºC* ***(A)*** *y 25ºC (B) y a 25ºC expuesta a la radiación (C) a tres niveles de concentración.*

Los resultados obtenidos nos permiten concluir que en el caso del nitenpyram la persistencia de este analito al cabo de 15 dias en la cera es practicamente nula en cualquier condición. Disminuyendo rápidamente durante los primeros 15 días, llegando a una persistencia promedio del 4% el día 30 y cercana al 0% el día 90. Como se ha indicado este efecto se observa a las tres concentraciones estudiadas y a las dos temperaturas y condiciones de luz establecidas, por lo que es difícil atribuir dicho comportamiento a uno de los dos factores.

Aunque no existen estudios acerca del efecto de la temperatura sobre nitenpyram, si se ha descrito el efecto de la radiación en un estudio sobre disoluciones acuosas del compuesto, que demuestra la fotodegradación y degradación fotocatalítica en presencia de $TiO_2$.[153]

En la figura 14 quedan reflejados los resultados obtenidos para el tiametoxam.

TIAMETOXAM

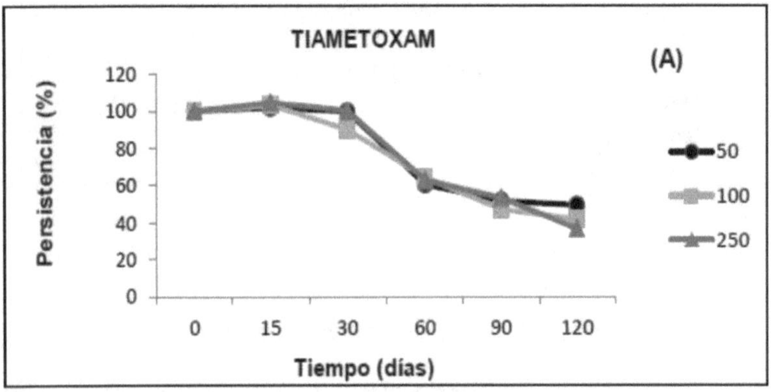


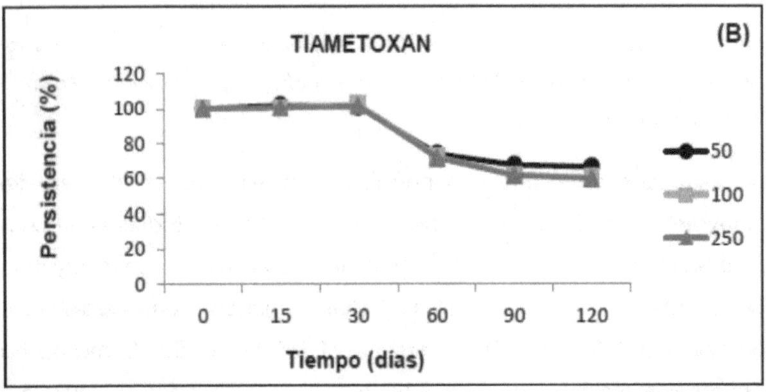

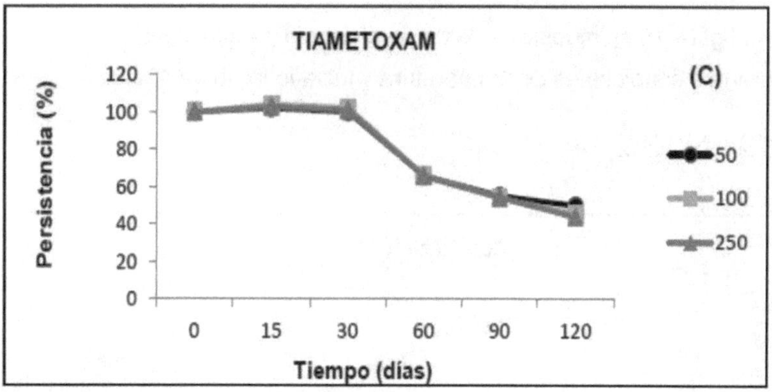


***Figura 14.*** *Gráfico que muestra la persistencia de tiametoxam en cera a 35°C en ausencia de radiación a 35°C **(A)** y 25°C (B) y a 25°C expuesta a la radiación **(C)** a tres niveles de concentración.*

En la figura 14 se puede observar que la disipación de tiametoxam tiene un comportamiento muy similar a lo largo de 120 días de experimentación, a las tres condiciones y concentraciones estudiadas.

Si se comparan los resultados obtenidos al variar la temperatura se observan ligeras diferencias, donde la persistencia es del orden del 10% menor a mayor temperatura, quedando residuos del analito del 20% inicial en ambas temperaturas estudiadasal cabo de 120 días.

En cuanto al efecto de la luz, es necesario comparar la gráfica (B) y (C), donde se aprecia una persistencia menor para el experimento realizado con luz (gráfica C), lo que indica que tiametoxam disipa más fácilmente de las ceras cuando el producto está expuesto a la luz. Estos resultados coinciden con los obtenidos en el estudio de Peña el 2011, que aunque las matrices son distintas (agua residual, lodo y solución con tensoactivos), tiametoxam también se degarada más lentamente en condiciones anaeróbicas y sin luz.[152]

En la figura 15 se muestra el % de persistencia para la clotianidina en diferentes condiciones de temperatura y luz a lo largo de 120 dias.

CLOTIANIDINA:

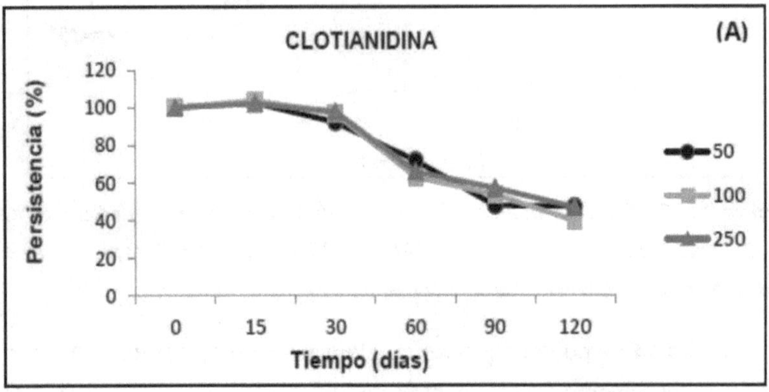


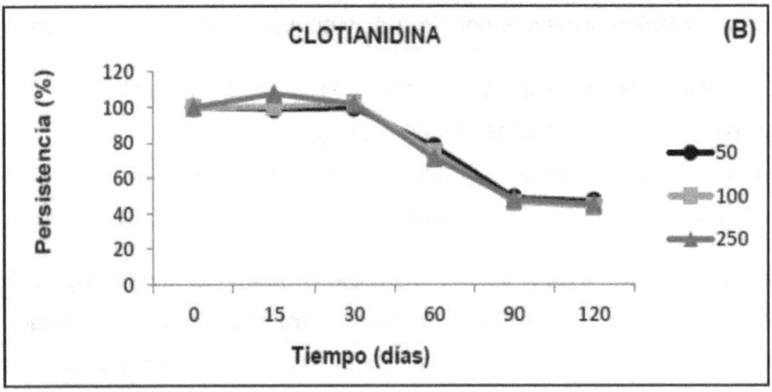

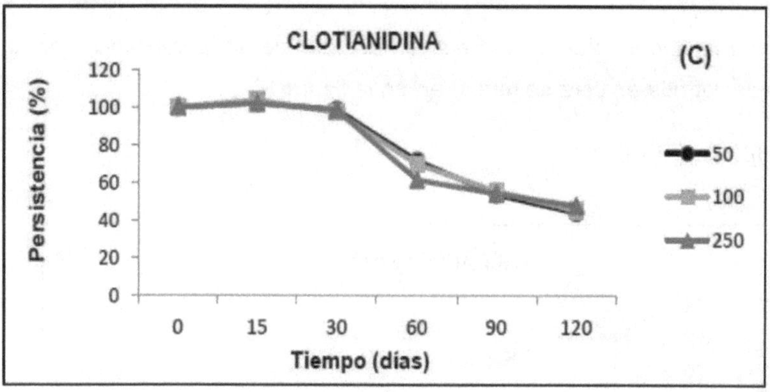


***Figura 15.*** *Gráfico que muestra la persistencia de clotianidina en cera a 35°C en ausencia de radiación a 35°C* ***(A)*** *y 25°C (B) y a 25°C expuesta a la radiación* ***(C)*** *a tres niveles de concentración.*

La figura 15 muestra que la persistencia de clotianidina en cera tiene un comportamiento muy similar en las distintas condiciones, comienza a disminuir a partir de los 30 días, para las tres concentraciones y a todas las condiciones estudiadas.

Al evaluar el efecto de la temperatura se puede observar que cuando ésta es más alta, el pesticida es menos persistente (30 días), efecto que se hace menos evidente al cabo de 120 días, donde las persistencias son muy similares para ambos experiementos a las tres concentraciones estudiadas.

Al comparar las gráficas (B) y (C), las persistencias son muy similares una vez transcurridos los 120 días, donde parece ser que, en ausencia de luz, el último mes de experimentación, clotianidina se estabiliza o disipa más lentamente con respecto a los meses anteriores. Dicho fenómeno se podría relacionar con la transformación de tiametoxan en clotianidina, como producto de degradación, informado por primera vez en el estudio de Zabar el año 2012.[155]

Los resultados obtenidos para el estudio de la persistencia de la imidacloprida en cera se muestran en la figura 16

IMIDACLOPRIDA:

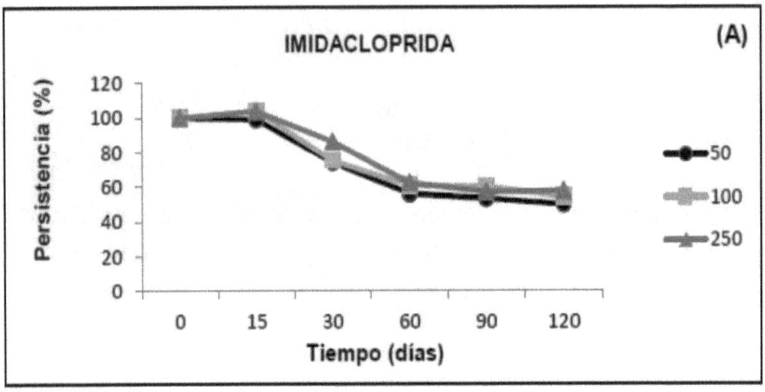


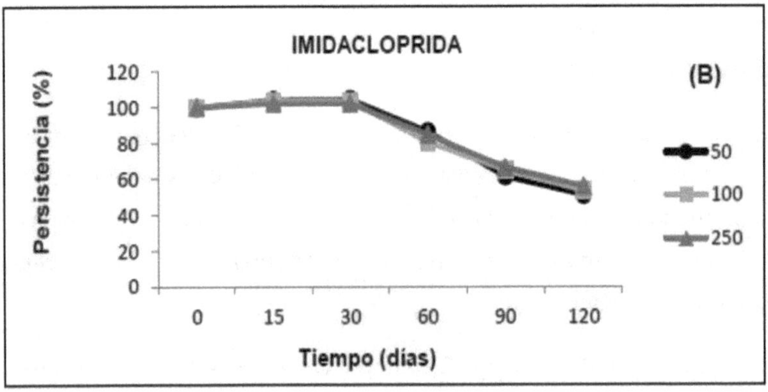

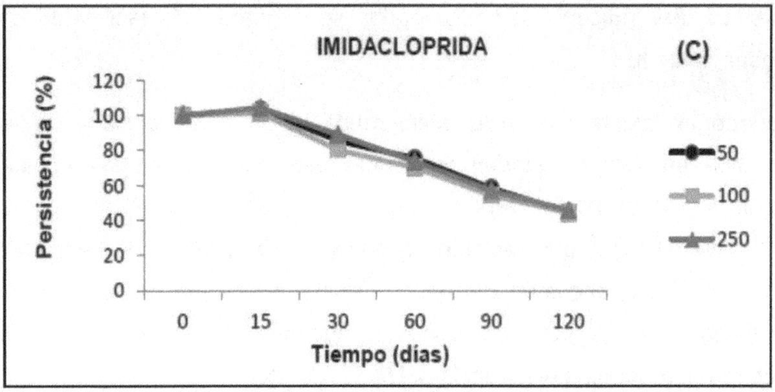


***Figura 16.*** *Gráfico que muestra la persistencia de imidacloprida en cera a 35°C en ausencia de radiación a 35°C **(A)** y 25°C (B) y a 25°C expuesta a la radiación **(C)** a tres niveles de concentración.*

La figura 16 muestra que, en general, la persistencia de imidacloprida en cera va decayendo a lo largo del tiempo de un modo más o menos ligero llegando a una peristencia promedio cercana al 55% el día 120 del experimento. Dicho comportamiento se evidencia a todas las concentraciones y condiciones estudiadas.

En cuanto al efecto de la temperatura, gráfica (A) y (B), se puede observar que a mayor temperatura el día 30 del experimento, imdacloprida disipa más rápidamente, mientras que en el transcurso de los 120 días, la persistencia es menor, por lo que esta temperatura no es un factor determinante en la disipación del analito.

Al comparar la gráfica (B) y (C), es posible observar como imidacloprida disipa más rápidamente en presencia de luz a partir del día 15, mientras que en oscuridad parece ser más estable, con una disipación más lenta a partir del día 30. Dichas diferencias iniciales se mantienen una vez transcurridos los 120 días de medición con una persistencia superior en un 10% para el experimento en la oscuridad, lo que coincide con estudios que indican que imidacloprida se degrada más fácilmente en presencia de luz.[151,156]

Aunque no existe evidencia bibliográfica de la persistencia de este pesticida en cera, se pueden citar como referencia los tiempos de vida media indicados por el Departamento de Regulación de Pesticidas de California (DPR),[152] que establecen una vida media en campo entre 27 y 229 días, dependiendo del tipo de suelo, presencia de fertilizantes orgánicos, luz y vegetación, donde la ausencia de estos últimos dos factores aumenta la persistencia del pesticida.[156]

Los resultados de la ecetamiprida quedan reflejados en la figura 17.

ACETAMIPRIDA:

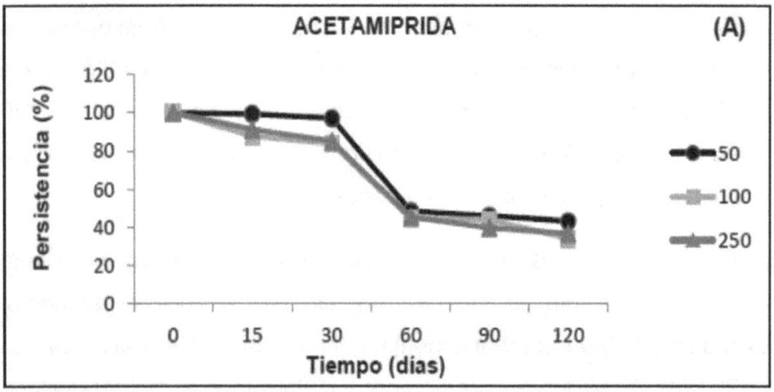

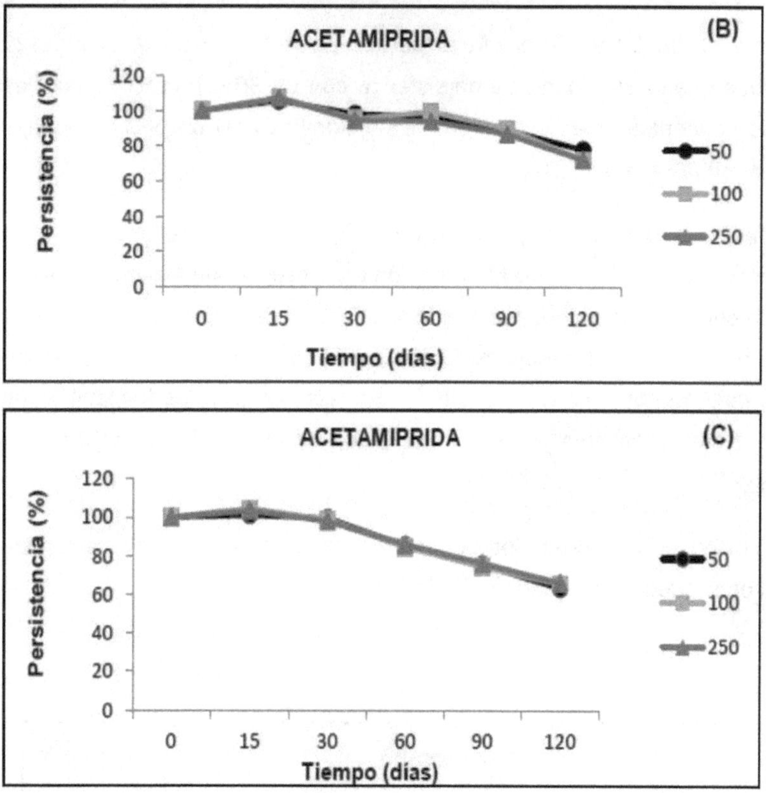


***Figura 17.*** *Gráfico que muestra la persistencia de acetamiprida en cera a 35°C en ausencia de radiación a 35°C **(A)** y 25°C (B) y a 25°C expuesta a la radiación **(C)** a tres niveles de concentración.*

De la figura 17 se desprende que la persistencia de acetamiprida en cera, en el transcurso de 120 días de experimentación, es muy variable ya que va desde un 36% a mayores temperaturas hasta un 72% en condiciones menos extremas.

Si se analizan los factores por separado, al evaluar el efecto de la temperatura, gráfica (A) y (B), se puede observar que a mayor temperatura el pesticida es menos persistente, disipando rápidamente entre el día 30 y 60, el efecto parece estabilizarse hasta el día 120 cuando llega al mínimo de persistenca con un 36% promedio para las tres concentraciones estudiadas. Esto significa casi un 50% más bajo, que en la cera a 25°C.

Por otro lado, si se compara el gráfico (B) y (C), hay una leve diferencia aproximada del 6% entre la disipación en presencia de luz, con respecto a la cera en oscuridad. Aunque esta diferencia es mínima, podría servir de antecedente el trabajo de Gupta del 2008, que estudia la disipación de este analito en suelo, revelando que acetamiprida es fotolabil y que su degradación en suelo se ve acelerada en presencia de luz UV y luz solar.[150]

Y por último los resultados del estudio de la persistencia de tiaclopirida en cera quedan reflejados en la figura 18.

TIACLOPRIDA:

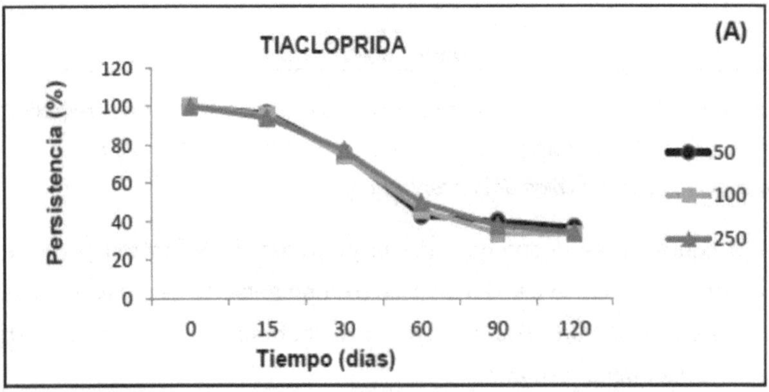

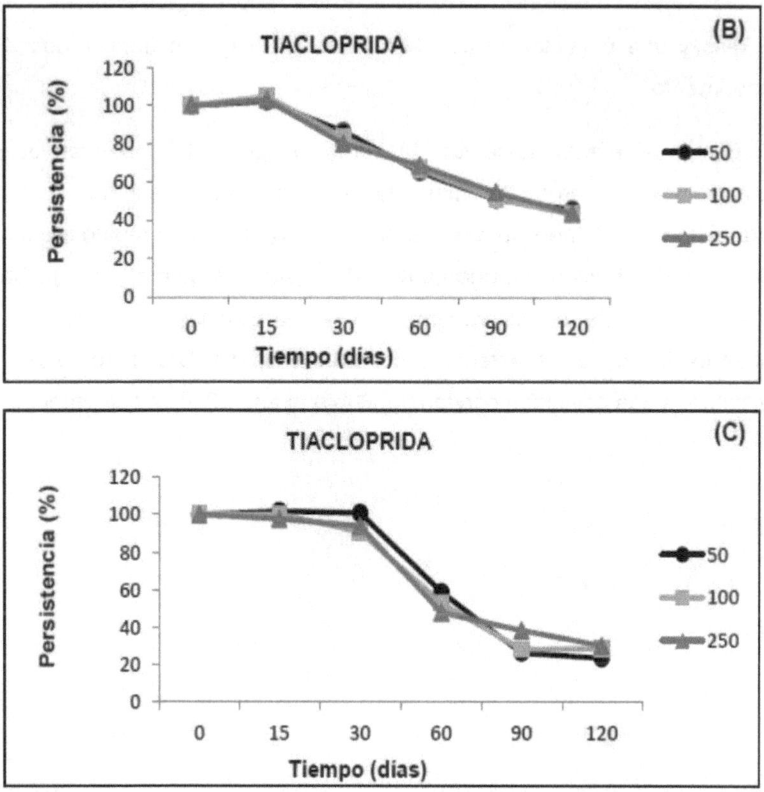


***Figura 18.*** *Gráfico que muestra la persistencia de tiaclоprida en cera en ausencia de radiación a 35°C **(A)** y 25°C (B) y a 25°C expuesta a la radiación **(C)** a tres niveles de concentración.*

Si comparamos la persistencia de tiacloprida y los demás neonicotinoides en cera, se puede decir que este analito es el menos persistente (ver figura 18), con valores promedio finales de 36% para los tres experimentos y a todas las concentraciones estudiadas.

Para evaluar el efecto de la temperatura, es necesario comparar la gráfica (A) y (B), donde se puede observar que a mayor temperatura el pesticida es menos persistente, con una rápida disipación a partir de los

15 días y una persistencia del 34% a los 120 días de transcurrido el experimento.

En cuanto al efecto de la luz, las gráficas (B) y (C) muestran que durante los primeros 30 días, la luz no parece ser un factor determinante en la persistencia del analito, disipando más rápido incluso en la oscuridad, situación que se revierte a partir de este día, ya que la cera en presencia de luz presenta una rápida disipación de tiacloprida llegando incluso a persistencias del 23,6% el día 120 de medición. Resultados que coinciden con los de Gupta el año 2008 ya comentados.

## IV.3.5. EFICACIA DE LOS PROCEDIMIENTOS DE LIMPIEZA Y BLANQUEAMIENTO DE CERA DE ABEJAS

### IV.3.5.1. Introducción

Como se mencionó en apartados anteriores, la cera de abejas es el material de construcción de las celdas de la colmena,[81] pero además tiene otras diversas aplicaciones, como materia prima para la fabricación de velas, esculturas y figuras artísticas, en la elaboración de alimentos, confitería y panadería, uso farmacológico en la fabricación de píldoras, cápsulas y ungüentos, uso cosmético en la elaboración de cremas y labiales, como impermeabilizante de pinturas, barniz y abrillantadores e incluso en la cubierta de instrumentos musicales.[80]
En cuanto a la legislación que regula el uso de cera de abejas, se puede encontrar normativa con respecto al uso alimentario en Europa. Así lo indica el Reglamento (UE) Nº 1147/2012 de la comisión del 4 de diciembre de 2012 que establece que la cera de abejas es considerada un aditivo alimentario, destinado al tratamiento exterior de frutas de las que no se consumen las pieles. Permitiendo el uso de cera de abeja (E 901), sobre las frutas que se importan principalmente de países de clima tropical, es decir, plátanos, mangos, aguacates, granadas, papayas y piña.[157]

Pero dicha normativa, no sólo se queda en Europa, ya que la FAO (Food and Agriculture Organization) y la OMS (Organización Mundial de la Salud), también tienen normativa al respecto, lo que se ve reflejado en el CODEX alimentarius,[158] que establece que la cera de abeja es considerada un aditivo alimentario y que por lo tanto, puede estar presente en diversos productos alimenticios, incluso se establece el nivel máximo de cera permitido en bebidas, datos que pueden observarse en la tabla 16.

***Tabla 16**. Uso de cera de abejas en productos alimenticios*

| Categoria de alimentos | Nivel máx. | Nota |
|---|---|---|
| Aperitivos listos para el consumo | | Tratamiento superficial |
| Bebidas a base de agua aromatizadas, incluidas las bebidas para deportistas, bebidas energéticas o bebidas electrolíticas y bebidas con partículas añadidas | 200mg/kg | Como vehículo de sabor |
| Café, sucedáneos del café, té, infusiones de hierbas y otras bebidas calientes a base de cereales y granos, excluido el cacao | | Sólo en café en grano |
| Complementos alimenticios | | Tratamiento superficial |
| Decoraciones (p. ej., para productos de pastelería fina), revestimientos (que no sean de fruta) y salsas dulces | | |
| Dulces, incluidos los caramelos duros y blandos, los turrones, etc., distintos de los indicados en las categorías de alimentos 05.1, 05.3 y 05.4 | | Tratamiento superficial |
| Frutas frescas tratadas en la superficie | | |
| Goma de mascar | | |
| Hortalizas (incluidos hongos y setas, raíces y tubérculos, legumbres y leguminosas y áloe vera), algas marinas y nueces y semillas frescas tratadas en la superficie | | Sólo en nueces |
| Productos de cacao y chocolate | | Tratamiento superficial |
| Productos de imitación y sucedáneos del chocolate | | Tratamiento superficial |
| Productos de panadería fina (dulces, salados, aromatizados) y mezclas | | Tratamiento superficial |

Según la EFSA (European Food Safety Authority) la cera de abejas además de ser un agente de recubrimiento como se indica en las dos normativas citadas anteriormente, actúa como portador de sabores. En dicho dictamen, además se establecen cantidades máximas de consumo de cera de abeja, valor que sorprendentemente puede llegar a los 1290 mg/diario/persona.[159]

En cuanto al uso en cosmética, existe mucha bibliografía que habla acerca de estos usos,[7,80,160,161] incluso hay una gran cantidad de información en internet para la fabricación casera de estos productos, pero existe muy poca información legal al respecto. En este sentido, se puede citar el Reglamento (CE) No 1223/2009 del Parlamento Europeo[162] que establece el listado de sustancias prohibidas en productos cosméticos, en el cual la única cera prohibida es la cera de parafina (hulla), producto derivado del petróleo y que es utilizada comúnmente para reemplazar la cera de abejas, que es más costosa. También se pueden encontrar distintos trabajos patentados acerca del uso de la cera de abejas en cosméticos, destacando, por ejemplo, sus beneficios como protector contra la luz UV.[163]

En relación a los usos en farmacología, una de las principales funciones de la cera es actuar como vehículo del principio activo, que además actúa estabilizando los fármacos que son susceptibles a la hidrólisis y/u oxidación,[164] área donde existen distintos estudios patentados acerca de la cera de abejas formando parte de cápsulas,[165,166] cremas de aplicación externa[167] y otras formas farmacéuticas donde la cera puede llegar a ocupar, incluso, el 46% del peso total del fármaco.[168]

Con respecto a la recuperación y reutilización de las ceras en la industria apícola, una de las aplicaciones más importantes es la cera estampada, que se obtiene después de la limpieza de la cera por decantación, posterior formación de las láminas y estampado para conseguir las formas hexagonales de las celdas. Dicho proceso es realizado por industrias dedicadas al procesamiento de la cera[169] o por distintas cooperativas y organizaciones apícolas,[170] que muchas veces realizan la labor mezclando ceras de distintos apicultores sin tener la precaución de la posible contaminación que esto implica. Así ha quedado demostrado en el estudio publicado por Jennifer Berry el año 2009,[171] quien en su búsqueda de cera libre de pesticidas, no tuvo resultados positivos, ya que todas las ceras recolectadas de distintos apiarios que nunca habían aplicado tratamiento químico, incluso colmenas supuestamente orgánicas, presentaban residuos de dichos pesticidas, estudio que concluyó en que el proceso de mezcla y estampado de ceras es desordenado y poco saludable para las colmenas porque existe contaminación de un producto a otro.[171] Si a esto además le sumamos los resultados de persistencia obtenidos en el apartado anterior, donde queda demostrado que la persistencia de la mayoría de los neonicotinoides supera los 120 días a distintas condiciones ambientales, se hace necesario estudiar la efectividad de los procesos de limpieza de cera que se aplican actualmente en la industria apícola.

Para ello, fue necesario indagar acerca de los procedimientos más empleados en la industria apícola, donde cabe destacar que existe una gran cantidad de información acerca de estos procesos,[80] con publicaciones en distintos blogs apícolas que indican cómo realizar limpiezas, factores a controlar y que reactivos utilizar,[172-174] concluyéndose que las sustancias químicas más empleadas, son aquellas que oxidan los compuestos coloreados presentes en la cera para producir su blanqueamiento, tales como ácidos, peróxido de hidrógeno y bases.[80]

A pesar de la cantidad de información encontrada, no existe legislación que controle dichos métodos de limpieza, ni soporte científico que demuestre la efectividad de los reactivos actualmente empleados.

En este sentido y después de recaudar información sobre prácticas apícolas y uso de algunos compuestos para favorecer el blanqueamiento, como el ácido oxálico, cítrico y sulfúrico, utilizados comúnmente por apicultores para tal efecto,[80] nos hemos planteado evaluar la persistencia de los analitos objeto de estudio en este trabajo (neonicotinoides), después de someter las ceras contaminadas, a escala de laboratorio, a los tres métodos de limpieza, más comúnmente empleados. En los siguientes apartados se describen los materiales, reactivos y las condiciones de trabajo a las cuales se sometieron a las distintas muestras de cera de abejas.

#### IV.3.5.2. Estudio de la eficacia de los procedimientos limpieza y blanqueamiento de ceras

Un parámetro que fue necesario establecer fue la masa de cera a limpiar en cada procedimiento, en principio nos fijamos las mismas proporciones empleadas por los apicultores, 1:1 (v/m), que en nuestro caso fueron a escala de laboratorio (5 mL por cada 5g de cera), pero dichos resultados no fueron satisfactorios porque la cantidad de agua fue insuficiente incluso para cubrir la cera, por lo que nos fijamos una cantidad de 5 g de cera y 25 mL de agua asegurándonos de favorecer el contacto sólido líquido y facilitar de agitación en el procedimiento.

Antes de comenzar con cada procedimiento de limpieza, se adicionaron los patrones a las ceras para obtener una concentración conocida.

A continuación, en la tabla 17, se muestran las condiciones empleadas en cada procedimiento de limpieza y que han sido tomadas de los procedimientos más utilizados por los apicultores.

***Tabla 17.*** *Condiciones de limpieza y purificación de ceras*

| Disolvente de limpieza | Método | Tiempo (minutos) | Temperatura y/o Potencia |
|---|---|---|---|
| Agua<br>Ác. Sulfúrico (0,1% v/v)<br>Ác. Oxálico (0,25% v/v)<br>Ác. Cítrico (0,25% v/v) | Agitación a 700rpm | 10 | 60ºC |
| Agua | Microondas | 4 | 70 W |
| | | 1 | 350 W |
| | | 0,5 | 700 W |
| Agua | Ultrasonidos | 40 | 40ºC/110W |
| | | 80 | 40ºC/110W |

Una vez que las muestras de cera fueron sometidas a los distintos procedimientos de limpieza, se tomaron muestras de 2 g de cada cera limpia y se sometieron al tratamiento de muestra para luego ser análizadas por LC-MS según el método validado anteriormente. Los resultados de los distintos procedimientos de limpieza se muestran en las siguientes figuras, donde se expresa la efectividad de cada procedimiento de limpieza (% de Limpieza) para cada neonicotinoide estudiado.

En la figura 19 se muestran los resultados obtenidos al someter a la cera a una limpieza o dos consecutivas empleando agua a 60ºC durante 10 minutos y con agitación.

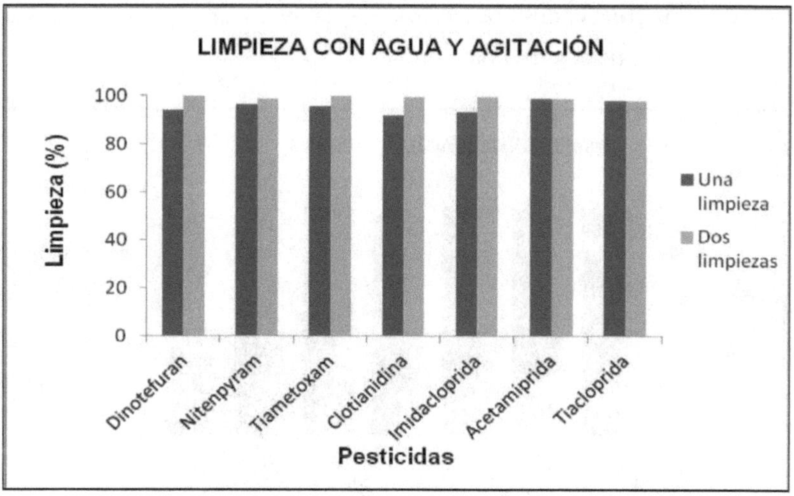


***Figura 19.*** *% De eficacia de los procedimientos de limpieza de ceras empleando con agua a 60ºC y agitación para una y dos limpiezas.*

En la figura 19 se puede observar que las diferencias son mínimas entre realizar una o dos limpiezas consecutivas en cuanto a la eficacia de la limpieza empleando agua a 60ºC ya que las diferencias entre una y dos etapas no difieren de porcentajes de limpieza superiores al 3%., razón por la cual, el siguiente procedimiento de limpieza se realizará una sola vez.

Como se mencionó en la introducción de este apartado, la acidificación del agua es otra técnica de limpieza muy empleada en la industria apícola, por lo que el siguiente estudio consistió en utilizar tres ácidos diluidos y evaluar los efectos sobre la eliminación de residuos y decoloración de la cera. En la tabla 17 se pueden observar los ácidos y las concentraciones que se emplearon para cada uno, junto con el tiempo de limpieza, temperatura y condiciones de agitación. La figura 20 muestra los resultados obtenidos de la eficacia de la limpieza empleando los ácidos asi como agua.

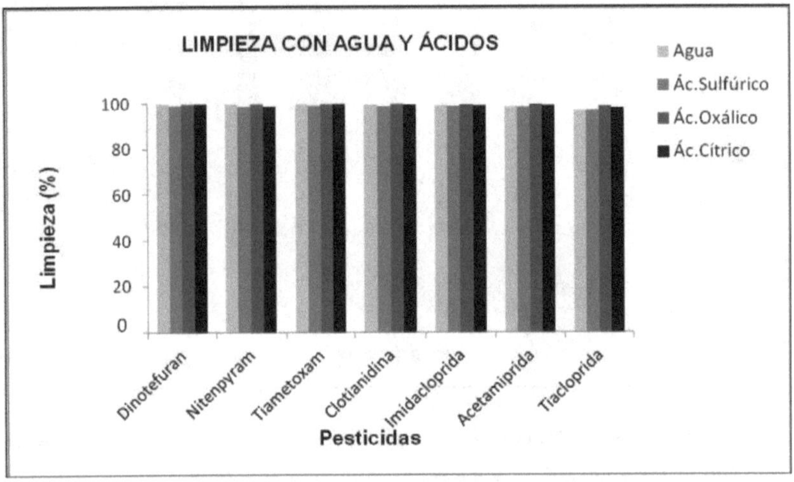


***Figura 20.*** *% De eficacia de los procedimientos de limpieza de ceras empleando agua y ácidos a 60°C y agitación.*

Como se puede observar en la figura 20 no hay diferencias significativas en función del disolventes de limpieza utilizados, los porcentajes de residuos de neonicotinoides que se encuentran en la cera suponen eficacias de eliminación entre un 97 y 100%, por lo que se puede concluir que la limpieza es muy efectiva independientemente del agua o ácido empleado.

En un tercer estudio se evaluó el efecto de las microondas en la eliminación de los residuos. Para ello se estudiaron tres potencias del microondas con tiempos variables determinados por la fundición total de la cera. Los resultados obtenidos se pueden apreciar en la figura 21, donde el número 1 corresponde a una limpieza y el 2 corresponde a dos limpiezas consecutivas. En este fue necesario realizar una segunda limpieza pues salvo en el caso del nitenpyram en el resto de los analitos la eficacia de la limpieza empleando un solo procedimiento con microondas era inferior al 50% a cualquier potencia, lo cual podría atribuirse a la no agitación , lo cual no favorece el contacto de la cera con el agua.

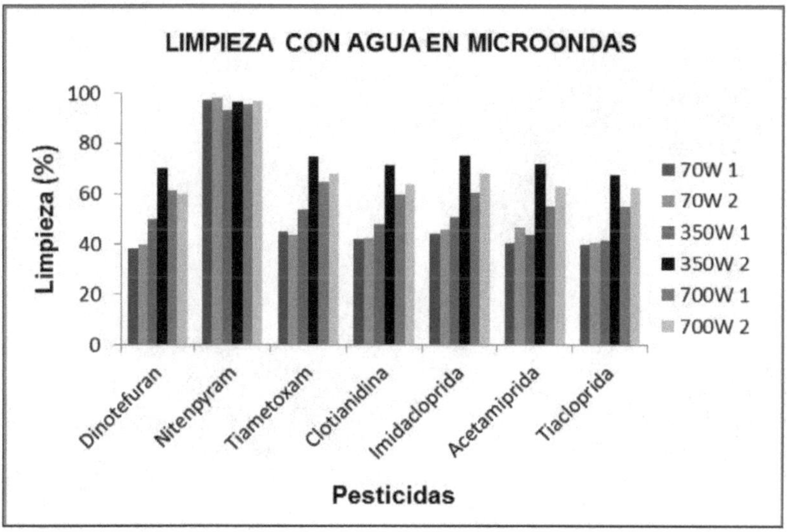


*Figura 21. % De eficacia de los procedimientos de limpieza de ceras empleando agua y microondas a distintas potencias, una limpieza (1) y dos limpiezas consecutivas (2).*

En cuanto a los resultados obtenidos, en general la eliminación de los analitos de la cera se consigue a 350 W y con dos limpiezas (con porcentajes del orden del 80%), mientras que nitenpyram es el analito menos persistente en las ceras ya que se elimina fácilmente con una sola limpieza y a las tres potencias estudiadas.

En el último estudio se evaluó el efecto de los ultrasonidos en la limpieza de ceras. Dicho procedimiento consistió en una limpieza con agua en baño de ultrasonidos y temperatura máxima de este (~40°C) durante 40 y 80 minutos. Dichos resultados se pueden observar en la figura 22.

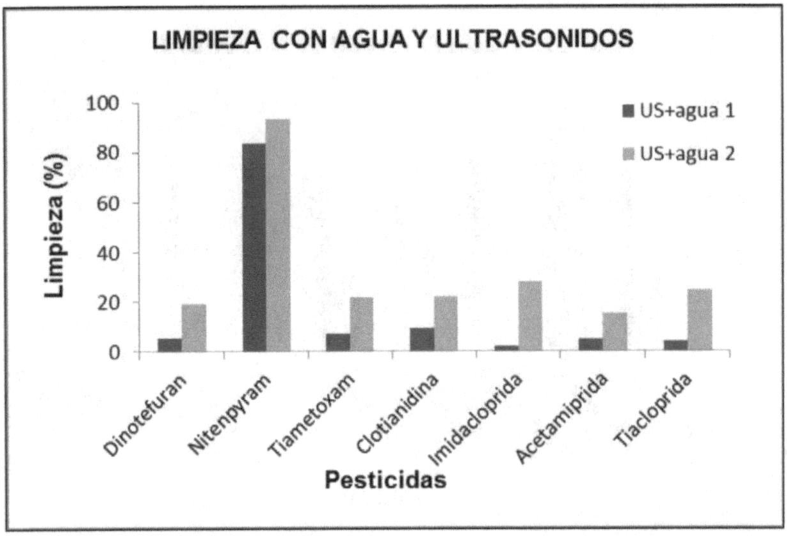


*Figura 22. % De eficacia de los procedimientos de limpieza de ceras empleando agua a 40°C en baño de ultrasonidos durante 40 minutos (1) y 80 minutos (2).*

La figura 22 muestra que el único neonicotinoide eliminado de modo efectivo bajo las condiciones del experimento es nitenpyram, mientras que el resto de los analitos no se consiguen eliminar por efecto del agua y ultrasonidos. Dicha persistencia puede explicarse porque la temperatura máxima alcanzada en el este caso es de 40ºC, temperatura a la cual la cera permanece en estado sólido, dificultando el contacto con el disolvente de limpieza, lo que dificultaría su eliminación.

Una vez comprobada la eficacia de los procedimientos habituales de la cera en la eliminación de residuos de neonicotinoides, donde los mejores resultados de eficacia de los procedimientos basados en la eliminación de los residuos de los analitos, se obtuvieron empleando agua o ácidos a una temperatura de 60ºC con agitación durante 10 minutos y en una sola etapa. Se estudió cuál de ellos producía un mayor blanqueamiento o decoloración de las ceras. Dichos resultados se muestran en la figura 23.

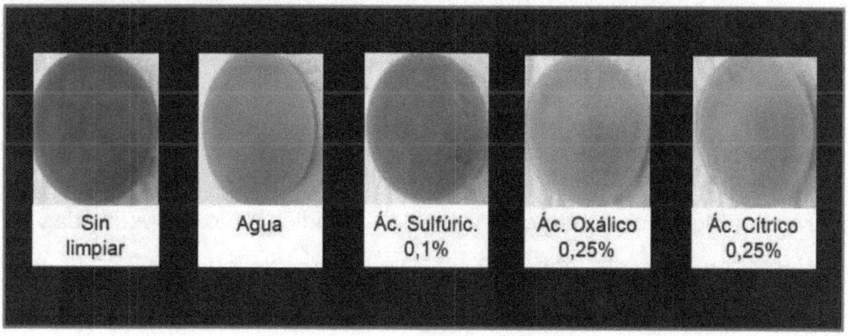


***Figura 23***. *Resultados de la decoloración de ceras con agua y ácidos.*

Se puede observar en la figura 23 que los mejores resultados se obtuvieron con el procedimiento de limpieza con ácidos oxálico y cítrico al 0,25% v/v.

Considerando los buenos resultados que presenta el ácido oxálico en términos de eliminación de residuos de neonicotinoides y el blanqueamiento o decoloración que este compuesto genera en las ceras, la limpieza con este ácido se podría plantear como una buena alternativa de limpieza de ceras contaminadas con estos compuestos, más aún si se considera que este compuesto está autorizado como producto natural alternativo para el control de algunas plagas que atacan a las colmenas,[19,174,175] por lo que la posibilidad de que queden residuos del ácido en la cera podría ser incluso beneficiosa para la colmena.[175]

Una vez seleccionadas las mejores condiciones que permiten una buena limpieza y blanqueamiento de cera a escala de laboratorio, el empleo de una disolución de ácido oxálico al 0.25% p/v a 60°C y con agitación. Se realizaron estudios para verificar si los buenos resultados se mantienen al incrementar las cantidades de cera.

En la figuras 24 se muestran los resultados obtenidos al aplicar a 50 g de cera el procedimiento de limpieza establecido como más adecuado para la eliminación de los posibles residuos de los pesticidas estudiados.

Para ello 50g de cera a la cual se le habían adicionado los pesticidas se pusieron en contacto con 250 mL. de ácido oxálico al 0,25% a una temperatura de 60°C y con agitación durante 10 minutos. Transcurrido este tiempo se determinan los posibles residuos de los analitos comprobándose la eficacia de la limpieza. Al aumentar la cantidad de muestra se decidió así mismo comprobar si existían diferencias entre llevar a cabo una o dos limpiezas.

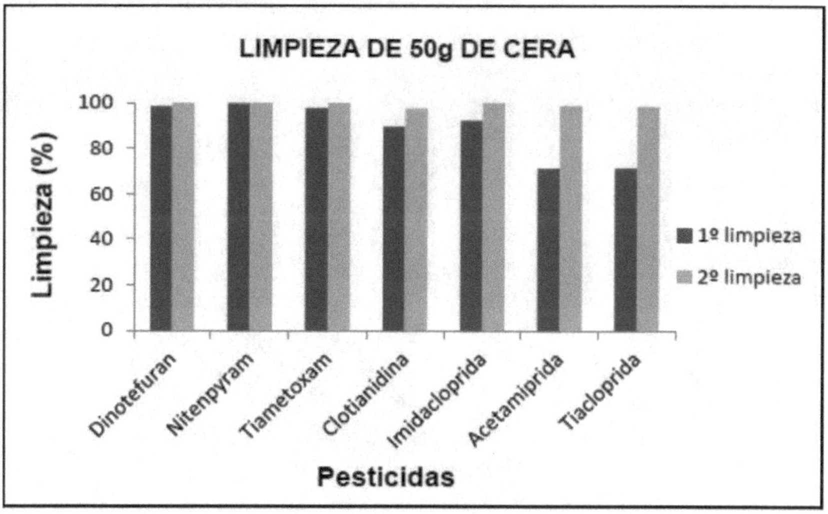


***Figura 24.*** *% De eficacia de los procedimientos de limpieza de ceras empleando ácido oxálico (0,25% p/v) a 60°C y agitación para 50 g de cera.*

De los resultados obtenidos se desprende que para el caso de clotianidina, imidacloprida y sobre todo para acetamiprida y tiacloprida para conseguir eficacias similares a las conseguidas con menores cantidades de muestra se precisaban 2 limpiezas consecutivas.

En la figura 25 se muestran los resultados para 200g de cera que fueron tratados con 1000 mL de agente de limpieza el ácido oxálico.

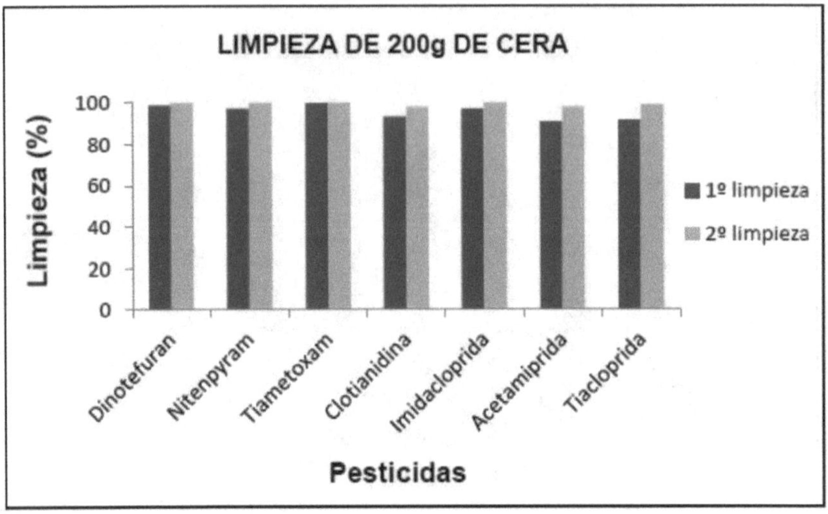


***Figura 25.*** *% De eficacia de los procedimientos de limpieza de ceras empleando ácido oxálico (0,25% p/v) a 60°C y agitación .para 200g de cera.*

De los resultados se puede concluir al igual que en el resto de los casos que el disolvente seleccionado como agente de limpieza conduce a resultados satisfactorios para la eliminación de los pesticidas estudiados, superándose eficacias de limpieza superiores al 97%.

# IV.4. DETERMINACION DE SIETE NEONICOTINOIDES EN POLEN APÍCOLA.

## IV.4.1. INTRODUCCIÓN

Lo primero que debemos tener claro a la hora de hablar de polen, es que aunque el polen procede de las plantas, existen tres tipos de categorías de pólenes distintos.

El primero y más conocido es el **polen floral,** que proviene de las flores y que no ha sido recolectado por las abejas. Cuando la abeja interviene, da origen a un segundo tipo de polen, el **polen corbicular o apícola**, que consiste en una mezcla de polen, miel regurgitada y saliva que la abeja amasa para formar bolitas y ser transportadas en el tercer par de patas traseras hasta la colmena. Este polen no logra entrar a la colmena ya que los apicultores lo cazan para su aprovechamiento. Y por último, el polen amasado y mezclado con néctar, saliva y miel regurgitada por la abeja, que al ingresar en la colmena, es depositado por ellas en las celdillas y sellado con miel para pasar por un proceso fermentativo, dando origen a una papilla que sirve de alimento para las crías, llamado **pan de abeja**, razón por la cual este producto es tan importante para la colmena.[176]

En cuanto a la importancia que tiene este producto, es bien sabido que tiene un alto valor nutritivo, ya que en su composición se pueden encontrar proteínas, hidratos de carbono, aminoácidos esenciales, vitaminas y minerales,[177] nutrientes aprovechados no sólo por la colmena, sino también por el hombre, quien consume cada vez más ente producto. Pero su importancia no se queda sólo en un suplemento alimentario, ya que este último tiempo han aumentado los estudios que indican a este producto como un potente antioxidante,[178] cuyo alto contenido de polifenoles y flavonoides,[179] le confiere propiedades antibacterianas[180] y antifúngicas.[181]

En este contexto la presencia de pesticidas en pan de abeja y polen corbicular puede llegar a ser aún más peligrosa que la acumulación en ceras, ya que el pan de abeja sirve de alimento para la colmena y el, polen de abeja está siendo cada vez más utilizados para consumo humano. Por esta razón, surge la necesidad de estudiar la presencia de los neonicotinoides en polen corbicular y en pan de abeja .

## IV.4.2. TRATAMIENTO DE MUESTRA

El polen recolectado de las colmenas además de presentar una variada composición de proteínas, vitaminas, aminoácidos y flavonoides, normalmente se encuentra con impurezas propias de la colmena, como restos de miel o cera. Por esta razón es necesario desarrollar un procedimiento que permita tratar la muestra para detectar los siete neonicotinoides de manera selectiva y conseguir límites de detección y cuantificación lo más bajo posibles.

Para desarrollar este procedimiento se trabajó con polen comercial que fue analizado para verificar la ausencia de los analitos. Para comenzar con el tratamiento de muestra se aplicó una etapa de secado (12 horas a 45°C) para trabajar sobre muestra seca y otra etapa de molienda, procesos que favorecen la adición de los analitos generando muestras homogéneas con mayor superficie de contacto mejorando así la extracción de los compuestos desde la matriz.

El siguiente paso fue adicionar los analitos al polen de tal manera que se lograra una mezcla homogénea. Para ello se agregó una disolución de los siete neonicotinoides en acetona, homogenizando con una varilla de vidrio y favoreciendo la evaporación del disolvente durante 3 minutos.

El siguiente paso fue realizar estudios de extracción con distintos disolventes. A pesar de que más adelante se optimizarán todos los parámetros que influyen en la extracción, los estudios se realizaron empleando 2 g de polen extrayendo con 10 mL de distintos disolventes donde los analitos presentan mayor solubilidad. El proceso se realizó con agitación de 10 minutos en vibromatic y posteriormente se centrifugó a 9000 rpm durante 10 min. Los extractos se evaporaron y reconstituyeron según tratamiento de muestra optimizado para las ceras, se analizaron por LC-MS según metodología validada y se calcularon sus porcentajes de recuperación. En la tabla 18 se muestran los resultados de las recuperaciones obtenidas con los distintos disolventes y condiciones fijadas para el estudio.

***Tabla 18.*** *Recuperaciones obtenidas después de extraer 2 g de polen, con los siete neonicotinoides a 500 μg/kg, con 10 mL de diferentes disolventes (n=3).*

| Compuesto | Acetona | Acetato de etilo | Acetonitrilo | Diclorometano |
|---|---|---|---|---|
| Dinotefuran | 67 | 60 | 45 | 104 |
| Nitenpyram | 67 | 63 | 42 | 106 |
| Tiametoxam | 41 | 39 | 38 | 99 |
| Clotianidina | 43 | 38 | 34 | 88 |
| Imidacloprida | 36 | 37 | 35 | 97 |
| Acetamiprida | 35 | 35 | 37 | 85 |
| Tiaclioprida | 41 | 36 | 36 | 87 |

Como se puede observar en la tabla, las mejores recuperaciones se obtuvieron para la extracción con diclorometano obteniéndose recuperaciones superiores al 85 % en todos los casos, por lo que una vez seleccionado el disolvente, el siguiente parámetro que se estudió fue el volumen de diclorometano que permitiera obtener las mejores recuperaciones para todos los analitos. En la tabla 19 se muestran los resultados obtenidos de estos ensayos, pruebas que se realizaron variando el volumen de diclorometano de 5 a 15 mL.

**Tabla 19.** *Recuperaciones obtenidas después de extraer 2 g de , con los siete neonicotinoides a 500 µg/kg, con tres volúmenes de diclorometano (n=3).*

| **Compuesto** | **Volumen (mL)** | | |
|---|---|---|---|
| | **5** | **10** | **15** |
| Dinotefuran | 89 | 104 | 107 |
| Nitenpyram | 90 | 107 | 107 |
| Tiametoxam | 86 | 102 | 103 |
| Clotianidina | 74 | 88 | 90 |
| Imidaclioprida | 87 | 95 | 96 |
| Acetamiprida | 75 | 88 | 87 |
| Tiacloprida | 72 | 85 | 86 |

Como puede observarse en la tabla los porcentajes de recuperación incrementan al aumentar el volumen de extractante, pero no difieren significativamente empleando 10 o 15 mL, por lo tanto con el fin de utilizar menores volúmenes de diclorometano se seleccionó un volumen de 10 mL de este disolvente como extractante.

Una vez seleccionado el disolvente y el volumen de este, y con la idea de reducir los tiempos y aumentar aquellas recuperaciones que dan por debajo del 90% como sucedía con acetamiprida y tiacloprida, se realizó el estudio de la influencia sobre la recuperación del tiempo de agitación en vibromatic.

Para ello se ensayó un tiempo menor y otro mayor que los 10 minutos empleados hasta ahora. En la tabla 20 se muestran las recuperaciones obtenidas al extraer con 10 mL de diclorometano a los tres tiempos ensayados.

***Tabla 20.*** *Recuperaciones obtenidas después de extraer 2 g de polen con los siete neonicotinoides a 500 µg/kg a tres tiempos diferentes (n=3).*

| **Compuesto** | **Tiempo (min)** | | |
|---|---|---|---|
| | **5** | **10** | **20** |
| Dinotefuran | 91 | 105 | 106 |
| Nitenpyram | 93 | 105 | 108 |
| Tiametoxam | 88 | 101 | 98 |
| Clotianidina | 76 | 89 | 87 |
| Imidaclosprida | 91 | 96 | 93 |
| Acetamiprida | 79 | 89 | 87 |
| Tiacloprida | 74 | 84 | 82 |

De los resultados que se muestran en la tabla se desprende que a partir de 10 min los porcentajes de recuperación de cada analito no se modifican, tiempos mayores no conducen a resultados más elevados, de ahí que se seleccionará este tiempo con el fin de reducir los tiempos de análisis.

Después de la extracción sólido-líquido fue necesario separar ambas fases, por lo que se pensó en centrifugar la mezcla y así favorecer la separación. De esta manera se ensayaron tras tiempos de centrifugación a 9000 rpm. Los resultados de este estudio se muestran en la tabla 21 .

**Tabla 21.** *Recuperaciones obtenidas después de extraer 2 g de polen con los siete neonicotinoides a 500 µg/kg con tres tiempos de centrifugación (n=3).*

| Compuesto | Centrifugación (min) | | |
|---|---|---|---|
| | 5 | 10 | 15 |
| Dinotefuran | 97 | 104 | 105 |
| Nitenpyram | 101 | 106 | 106 |
| Tiametoxam | 94 | 101 | 103 |
| Clotianidina | 81 | 89 | 90 |
| Imidacloprida | 89 | 95 | 94 |
| Acetamiprida | 81 | 87 | 88 |
| Tiacloprida | 77 | 85 | 86 |

Como se puede observar en la tabla 21 las recuperaciones no aumentan de manera importante cuando la mezcla es centrifugada por más de 10 minutos, por lo que el tiempo seleccionado fueron los 10 minutos evitando además que los tiempos de análisis sean demasiado extensos.

Una vez seleccionado el tiempo de centrifugación, se separó el sobrenadante, utilizando un embudo de filtración, por gravedad y papel filtro de uso general en el laboratorio. Esta etapa fue necesaria ya que en caso contrario pasaban al matraz de fondo redondo restos de polen finamente triturado dificultando la evaporación posterior.

A pesar de que los resultados de recuperación son altos, tres analitos presentan porcentajes de recuperación por debajo del 90%, por esta razón el último estudio que se realizó fue la evaluación de dos volúmenes de reconstituyente agua/acetonitrilo (50:50 v/v) mayores, ya que hasta ahora con 1 mL se observan residuos en el matraz de fondo redondo donde se realiza la evaporación. En la tabla 22 se pueden observar los resultados obtenidos para los tres volúmenes.

***Tabla 22.*** *Recuperaciones obtenidas después de extraer 2 g de polen con los siete neonicotinoides a 500 µg/kg y reconstituidos con diferentes volúmenes de agua/acetonitrilo (50:50 v/v) (n=3).*

| **Compuesto** | **Volumen (mL)** | | |
|---|---|---|---|
| | **1** | **1,5** | **2** |
| Dinotefuran | 104 | 104 | 103 |
| Nitenpyram | 106 | 104 | 101 |
| Tiametoxam | 101 | 103 | 104 |
| Clotianidina | 89 | 88 | 91 |
| Imidacloprida | 95 | 94 | 94 |
| Acetamiprida | 87 | 87 | 88 |
| Tiacloprida | 85 | 85 | 84 |

Aunque experimentalmente el aumento del volumen de reconstituyente disuelve mayor cantidad de residuos del matraz de evaporación, los resultados que se muestran en tabla indican que el aumento del volumen de reconstituyente no influye significativamente en la mejora de las recuperaciones. Si además consideramos que los cromatogramas obtenidos con 1 mL de reconstituyente no presentaban interferencias a los tiempos de retención de los analitos y que menores volúmenes permiten obtener límites de detección y cuantificación más bajos, el volumen seleccionado como reconstituyente fue 1mL de mezcla agua/acetonitrilo (50:50 v/v). Un esquema simplificado con las principales etapas del tratamiento de muestra se puede observar en la figura 26

Una vez que se han optimizado todos los parámetros antes mencionados, los extractos reconstituidos se pasan a través de un filtro de jeringa de 0,45 µm, para finalmente inyectar una alícuota de 15 µL en el equipo de LC-ESI-MS con las mismas condiciones cromatográficas y de detección que el caso de las ceras.

Una vez establecidas las mejores condiciones de tratamiento de muestra que conducían para los diferentes analitos a recuperaciones superiores al 85% se procedió a verificar las características del método puesto a punto mediante su validación.

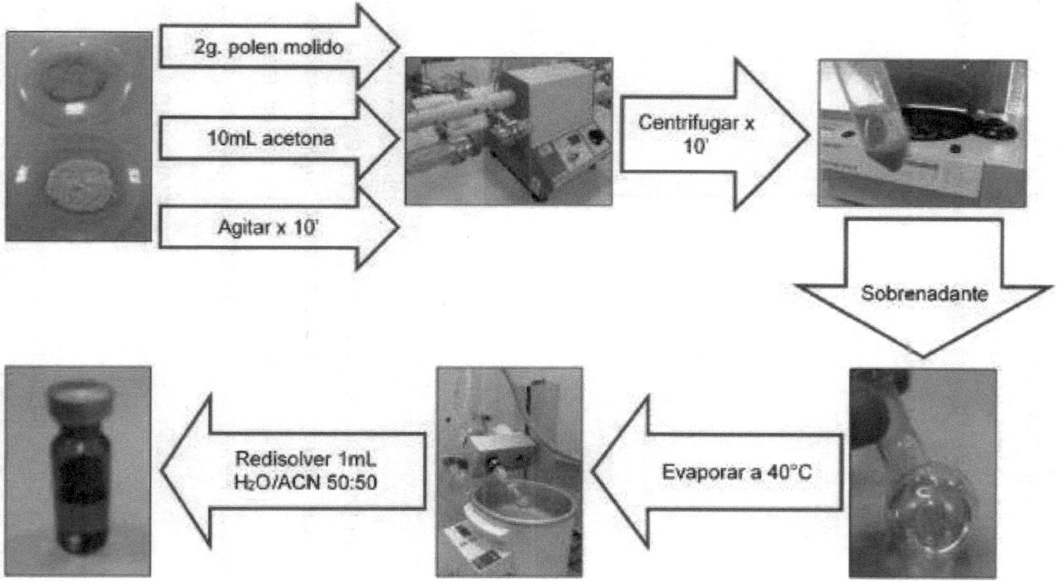


***Figura 26.*** *Esquema del tratamiento de muestra de polen corbicular*

## IV.4.3. VALIDACIÓN DEL METODO.

Se procedió de manera totalmente análoga a la validación del método de las ceras. Los resultados obtenidos se muestran en los siguientes apartados.

### IV.4.3.1. Selectividad

Para la evaluación de la selectividad del método propuesto se puede observar la figura 27, donde se comparan los cromatogramas de extractos de polen tratados que no contenían analitos (A) con extractos de polen tratados a los que se les había añadido los siete neonicotinoides (B).

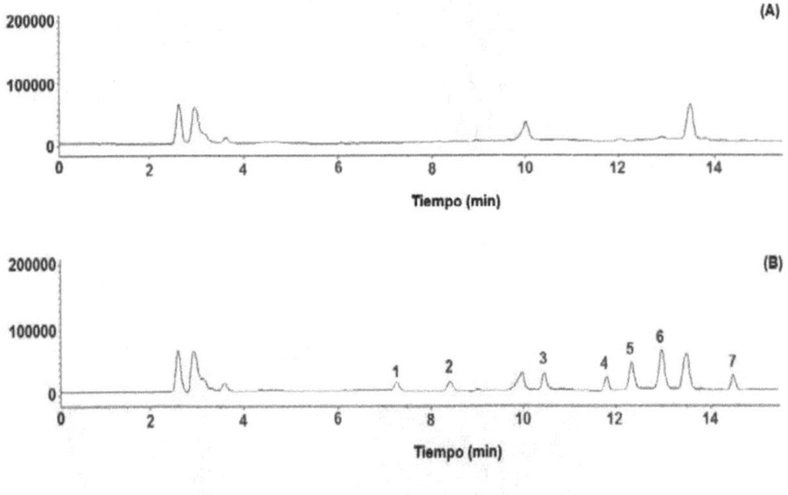


***Figura 27.*** *Cromatogramas representativos LC-ESI-MS (SIM) de (A) polen tratado y (B) polen con 50µg/kg de dinotefuran (1), nitenpyram (2), tiametoxam (3), clotianidina (4),imidacloprida (5), acetamiprida (6) y tiacloprida (7).*

Como se puede ver en la figura 27, los cromatogramas muestran que no hay coelución con ningún componente de la matriz y por lo tanto no hay interferentes al tiempo que eluyen los analitos de interés, por lo que se puede decir que el método es selectivo para los siete analitos estudiados.

### IV 4.3.2. Límite de detección y cuantificación

En una primera etapa, se inyectó una serie de extractos de polen libres de neonicotinoides, denominados extractos blancos, a los cuales se les midió el valor del ruido de la respuesta analítica al tiempo que eluye cada analito y en una segunda etapa, se inyectaron extractos de polen con neonicotinoides adicionados previamente y realizando diluciones sucesivas hasta obtener una señal.

Una vez obtenido el ruido y las señales, se calcularon los límites de detección (LOD) y cuantificación (LOQ), correspondientes a 3 y 10 veces la relación señal/ruido, respectivamente. Los valores obtenidos para cada analito se pueden observar en la tabla 23.

***Tabla23** . Límites de detección y cuantificación de cada compuesto en polen.*

| Compuesto | LOD (µg/kg) | LOQ (µg/kg) |
|---|---|---|
| Dinotefuran | 2,8 | 9,1 |
| Nitenpyram | 2,4 | 7,5 |
| Tiametoxam | 1,3 | 4,0 |
| Clotianidina | 1,1 | 3,5 |
| Imidacloprida | 0,5 | 1,6 |
| Acetamiprida | 0,4 | 1,2 |
| Tiaclopрида | 1,4 | 4,6 |

### IV.4.3.3. Linealidad y efecto matriz

Para realizar el estudio de la linealidad y el efecto matriz se preparó una línea de calibrado de pólenes tratados a los cuales se les adicionó una disolución patrón de los siete analitos y se enrasó con agua/acetonitrilo (50:50 v/v) para obtener concentraciones finales en un intervalo del límite de cuantificación a 1000 µg/kg. Los resultados obtenidos para cada ecuación de la recta se pueden observar en la tabla 24.

Para verificar la tendencia lineal de la regresión se realizó la prueba t de la misma manera que se hizo en el apartado de las ceras. Del mismo modo en este caso se cumple que la $t_{exp} > t_{tab}$, por lo tanto se acepta que el método es lineal. En cuanto al valor del coeficiente de determinación ($r^2$), se puede deducir el buen ajuste de los calibrados, ya que sus valores se encuentran comprendidos entre 0,995 y 0,999 en todos los casos.

Para verificar el efecto matriz, se realizó la comparación de las pendientes de las líneas de calibrado de cada analito en fase móvil y las pendientes de las líneas de calibrado de pólenes tratados a los cuales se les adicionó los analitos después del tratamiento. De esta manera se pudo evaluar un efecto matriz que oscila entre 23 y 45%, por lo que la cuantificación de los siete analitos debe ser realizada sobre un calibrado en polen.

***Tabla 24.*** *Parámetros de la línea de calibrado para cada compuesto (n=3)*

| Compuesto | Calibrado | Concentración (µg/kg) | a (x10$^3$) | $S_a$ (x10$^3$) | b (x10$^3$) | $S_b$ (x10$^3$) | $R^2$ | $S_{y/x}$ (x10$^3$) |
|---|---|---|---|---|---|---|---|---|
| Dinotefuran | Disolución | 9,1 – 1000 | 4000 | 303 | 90,5 | 4,7 | 0,998 | 668 |
| | Polen | | 4000 | 183 | 71,5 | 3,2 | 0,997 | 404 |
| Nitenpyram | Disolución | 7,5 – 1000 | 7000 | 494 | 135,5 | 7,7 | 0,996 | 1,09 |
| | Polen | | 7000 | 346 | 111,3 | 6,1 | 0,996 | 763 |
| Tiametoxam | Disolución | 4.0 – 1000 | 1000 | 142 | 43,5 | 2,2 | 0,995 | 313 |
| | Polen | | 2000 | 89,5 | 33,5 | 1,5 | 0,996 | 197 |
| Clotianidina | Disolución | 3,5 – 1000 | 1000 | 130 | 54,2 | 1,7 | 0,996 | 288 |
| | Polen | | 1000 | 48,1 | 35,8 | 0,8 | 0,998 | 106 |
| Imidacloprida | Disolución | 1,6 – 1000 | 2000 | 217 | 65,9 | 2,6 | 0,996 | 480 |
| | Polen | | 2000 | 54,4 | 35,8 | 0,9 | 0,998 | 120 |
| Acetamiprida | Disolución | 1,2 – 1000 | 5000 | 474 | 129,8 | 7,7 | 0,997 | 1,04 |
| | Polen | | 6000 | 350 | 104,3 | 6,2 | 0,999 | 773 |
| Tiaclooprida | Disolución | 4,6 - 1000 | 3000 | 363 | 96,8 | 5,7 | 0,997 | 800 |
| | Polen | | 4000 | 116 | 78,4 | 2,0 | 0,998 | 257 |

### IV.4.3.4. Precisión y Exactitud.

La precisión del método se estableció en términos de repetitividad y precisión intermedia. Para ello se procedió a inyectar por sextuplicado muestras de polen a las cuales se adicionó una disolución patrón de los siete neonicotinoides a tres niveles de concentración. Para la evaluación de repetitividad, las inyecciones se realizaron el mismo día, mientras que para el estudio de la precisión intermedia, dichas inyecciones fueron realizadas en tres días consecutivos. Los resultados que se obtuvieron se detallan en la tabla 25.

Como se puede observar en dicha tabla, los coeficientes de variación son inferiores al 8% en todos los casos, valores que se consideran adecuados en el estudio de precisión cuando se analizan analitos a nivel de trazas.

Así mismo se estableció la exactitud de método establecido en un función de los % de recuperación obtenidos al someter a diferentes muestras de , a tres niveles de concentración, al tratamiento de muestra establecido. Como puede observarse en la tabla los porcentajes de recuperación son superiores al 87%, lo cual supondría errores inferiores al 13% en todos los casos al realizar la cuantificación en muestras.

***Tabla 25***. *Estudio de precisión y exactitud del método.*

| Compuesto | Concentración (µg/kg) | Estudios de precisión (n=6) | | | | Estudios de exactitud (n=6) | | |
|---|---|---|---|---|---|---|---|---|
| | | Repetitividad | | Precisión intermedia | | | | |
| | | Concentración (µg/kg) | CV (%) | Concentración (µg/kg) | CV (%) | Concentración (µg/kg) | Recuperación (%) | CV (%) |
| Dinotefurano | 10 | 10 | 6,4 | 10 | 4,4 | 10 | 101 | 6,8 |
| | 250 | 263 | 3,9 | 265 | 4,7 | 260 | 104 | 3,9 |
| | 1000 | 1038 | 3,3 | 1039 | 5,1 | 1030 | 103 | 2,6 |
| Nitenpyram | 10 | 10 | 7,1 | 10 | 7,0 | 10 | 102 | 7,6 |
| | 250 | 260 | 3,4 | 263 | 5,4 | 264 | 106 | 6,2 |
| | 1000 | 1055 | 1,5 | 1039 | 6,7 | 1046 | 105 | 4,1 |
| Tiametoxam | 5 | 5 | 3,7 | 5 | 7,3 | 5 | 99 | 4,2 |
| | 250 | 248 | 3,2 | 255 | 6,5 | 253 | 101 | 3,4 |
| | 1000 | 973 | 1,4 | 975 | 4,9 | 981 | 98 | 1,9 |
| Clotianidina | 5 | 5 | 5,0 | 5 | 6,9 | 5 | 92 | 5,2 |
| | 250 | 226 | 2,1 | 227 | 6,5 | 223 | 89 | 2,4 |
| | 1000 | 882 | 2,2 | 884 | 4,9 | 876 | 88 | 2,2 |

***Tabla 25*** *(continuación). Estudio de precisión y Exactitud del método.*

| Compuesto | Concentración (µg/kg) | Estudios de precisión (n=6) Repetitividad | | Precisión intermedia | | Estudios de Exactitud (n=6) | | |
|---|---|---|---|---|---|---|---|---|
| | | Concentración (µg/kg) | CV (%) | Concentración (µg/kg) | CV (%) | Concentración (µg/kg) | Recuperación | CV (%) |
| | 2 | 2 | 6,7 | **2** | 5,7 | **2** | 97 | **6,5** |
| Imidacloprida | 250 | 243 | 5,4 | 236 | 3,5 | 238 | 95 | **4,3** |
| | 1000 | 950 | 2,3 | 947 | 3,6 | 941 | 94 | **2,1** |
| | 2 | 2 | 7,8 | **2** | 6,3 | **2** | 91 | **7,0** |
| Acetamiprida | 250 | 214 | 2,8 | 216 | 6,2 | 219 | 88 | **4,4** |
| | 1000 | 864 | 1,7 | 866 | 5,9 | 856 | 86 | **4,1** |
| | 5 | 5 | 3,7 | **5** | 6,6 | **5** | 87 | **3,6** |
| Tiacloprida | 250 | 220 | 4,4 | 210 | 6,0 | 215 | 86 | **4,3** |
| | 1000 | 867 | 1,7 | 875 | 5,6 | 870 | 87 | **3,0** |

## IV.4.4. APLICACIÓN DEL MÉTODO

El método propuesto se ha aplicado al análisis de 24 muestras de pólenes obtenidos de las mismas colmenas de las cuales se analizó la cera. Dichas muestras proceden de distintos apiarios cercanos a zonas agrícolas con árboles frutales de la región de Murcia.

Considerando que la cera, el polen y la miel ya habían sido separados de los trozos de colmena con el procedimiento descrito anteriormente, las 24 muestras de polen fueron sometidas al tratamiento de muestra y posteriormente analizadas por LC-MS empleando la metodología analítica puesta a punto en los apartados anteriores. Los resultados obtenidos de dichos análisis se pueden observar en la tabla 26.

*Tabla 26 . Concentraciones (µg/kg) de cada neonicotinoide en muestras de polen obtenidas de distintas colmenas.*

| Muestra | Compuesto | | | | | | |
|---|---|---|---|---|---|---|---|
| | Dinotefuran | Nitenpyram | Tiametoxam | Clotianidina | Imidacloprida | Acetamiprida | Tiacloprida |
| 1 | <LOD | <LOD | <LOD | <LOD | <LOD | <LOD | <LOD |
| 2 | <LOD | <LOD | <LOD | <LOD | <LOD | <LOD | <LOD |
| 3 | <LOD | <LOD | <LOD | <LOD | <LOD | <LOD | <LOD |
| 4 | <LOD | <LOD | <LOD | <LOD | <LOD | <LOD | <LOD |
| 5 | <LOD | <LOD | <LOD | <LOD | <LOD | <LOD | <LOD |
| 6 | <LOD | <LOD | <LOD | <LOD | <LOD | <LOD | <LOD |
| 7 | <LOD | <LOD | <LOD | <LOD | <LOD | <LOD | <LOD |
| 8 | <LOD | <LOD | <LOD | <LOD | <LOD | <LOD | <LOD |
| 9 | <LOD | <LOD | <LOD | <LOD | <LOD | <LOD | <LOD |
| 10 | <LOD | <LOD | <LOD | <LOD | <LOD | <LOD | <LOD |
| 11 | <LOD | <LOD | <LOD | <LOD | <LOD | <LOD | <LOD |
| 12 | <LOD | <LOD | <LOD | <LOD | <LOD | <LOD | <LOD |
| 13 | <LOD | <LOD | <LOD | <LOD | <LOD | <LOD | <LOD |
| 14 | <LOD | <LOD | <LOD | <LOD | <LOD | <LOD | <LOD |
| 15 | <LOD | <LOD | <LOD | <LOD | <LOD | <LOD | <LOD |
| 16 | <LOD | <LOD | <LOD | <LOD | <LOD | <LOD | <LOD |
| 17 | <LOD | <LOD | <LOD | <LOD | <LOD | <LOD | <LOD |
| 18 | <LOD | <LOD | <LOD | <LOD | <LOD | <LOD | <LOD |
| 19 | <LOD | <LOD | <LOD | <LOD | <LOD | <LOD | <LOD |
| 20 | <LOD | <LOD | <LOD | <LOD | <LOD | <LOD | <LOD |
| 21 | <LOD | <LOD | <LOD | <LOD | <LOD | <LOD | <LOD |
| 22 | <LOD | <LOD | <LOD | <LOD | <LOD | <LOD | <LOD |
| 23 | <LOD | <LOD | <LOD | <LOD | <LOD | <LOD | <LOD |
| 24 | <LOD | <LOD | <LOD | <LOD | <LOD | <LOD | <LOD |

En la tabla 26, se puede observar que ninguna de las muestras presenta residuos de neonicotinoides en concentraciones iguales o mayores a los LODs del método propuesto, resultados que nos hacen suponer que, aunque algunas ceras si dieron positivo para 5 neonicotinoides, estos pesticidas permanecen en la cera sin ser transportados al polen o que estos disipan más rápidamente en polen y pan de abeja. En este sentido el siguiente estudio consistió en evaluar la persistencia de estos pesticidas en polen corbicular y pan de abeja, para intentar explicar los resultados obtenidos.

Por otro lado, se analizaron otras tres muestras de pólenes proporcionadas por el Centro Apícola Regional (CAR) de Marchamalo (Guadalajara) provenientes de una zona apícola distinta a la de las muestras analizadas anteriormente. Los resultados se muestran en la tabla 27.

**Tabla 27.** *Concentraciones (µg/kg) de cada neonicotinoide en muestras de polen*

| Compuesto | Muestras | | |
|---|---|---|---|
| | **PA-12-0513** | **PA-12-0514** | **PA-12-0515** |
| Dinotefuran | <LOD | <LOD | <LOD |
| Nitenpyram | <LOD | <LOD | <LOD |
| Tiametoxam | <LOD | <LOD | <LOD |
| Clotianidina | <LOD | <LOD | <LOD |
| Imidacloprida | <LOD | <LOD | <LOD |
| Acetamiprida | <LOD | **5,89** | <LOD |
| Tiacloprida | <LOD | <LOD | <LOD |

Como se puede observar en la tabla 27 solamente una de tres muestras dio positiva y solo para acetamiprida, con una concentración de 5,89 µg/kg.

### IV.4.5. PERSISTENCIA DE NEONICOTINOIDES EN POLEN CORBICULAR Y PAN DE ABEJA.

Para realizar el estudio se adicionaron los analitos, disueltos en acetona, a los pólenes secos y molidos, formando una mezcla homogénea que luego fue secada a temperatura ambiente y cuya concentración final fue 500 µg/kg. La evolución de los compuestos fue medida durante 45 días utilizando el tratamiento de muestra y análisis cromatográfico validado.

En el desarrollo del estudio se evaluó el efecto que tiene la temperatura y la luz sobre la persistencia de los siete neonicotinoides en ambos tipos de polen. Para ello el trabajo se dividió en tres estudios con distintas condiciones ambientales cada una.

Para el primer estudio se fijaron las condiciones ambientales que se tienen dentro de la colmena, es decir una temperatura media de 35°C y aislada de la luz. El segundo estudio se llevó a cabo en ausencia de luz a 25°C y el tercer estudio se realizó con pólenes expuestos a luz solar y 25°C. Los resultados de la persistencia de siete neonicotinoides a lo largo de 45 días se muestran en las siguientes figuras. Las gráficas han sido agrupadas por compuesto a las distintas condiciones ambientales.

En la figura 28 se muestran los resultados obtenidos para el dinoterufan donde se representa el % de persistencia en los tipos de polen en función del tiempo expuestos a las diferentes condiciones ambientales.

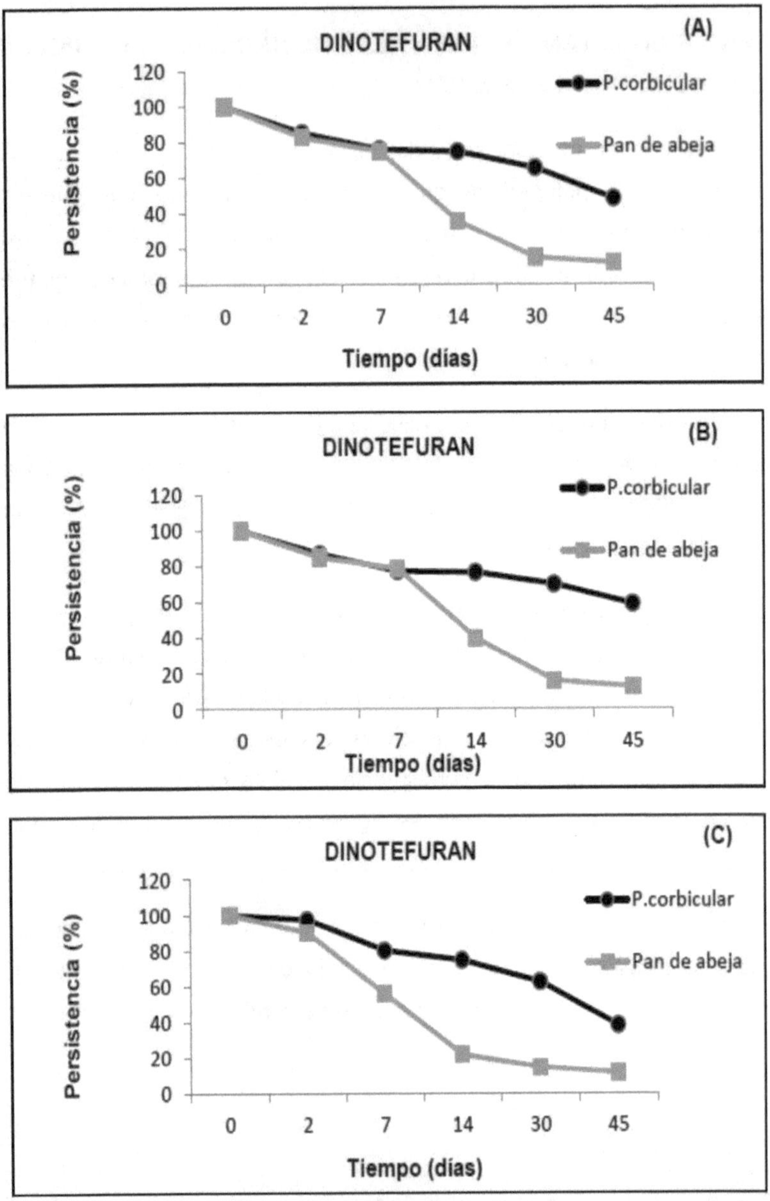


***Figura 28.*** *Gráfico que muestra la persistencia de dinotefuran en ausencia de radiación a 35°C* ***(A)*** *y a 25°C* ***(B)*** *y en presencia de radiación a 25°C* ***(C).***

De los datos de la figura 28 se desprende que independientemente de las condiciones de temperatura y luz, el dinotefuran es más persistente en polen corbicular que en pan de abeja donde se produce una disipación más rápida y cuyas diferencias pueden llegar a ser del 37%.

En cuanto al efecto de la temperatura, figuras (A) y (B) se puede observar que el analito presenta un comportamiento muy similar dentro de cada uno de los tipos de pólenes durante la primera semana, a partir de la cual se produce una pérdida del analito que no se puede atribuir al efecto de la temperatura, siendo mayor en el caso del polen corbicular como ya se ha indicado.

Para evaluar el efecto de la luz, es necesario comparar las gráficas (B) y (C) que muestran persistencias muy similares con o sin luz, por lo que la luz no es un factor determinante en la disipación de este analito en polen al igual que la temperatura.

Los resultados obtenidos para el nitenpyram se muestran en la figura 29.

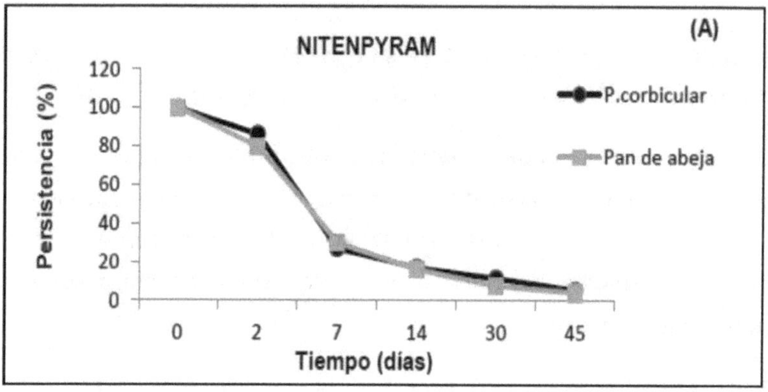

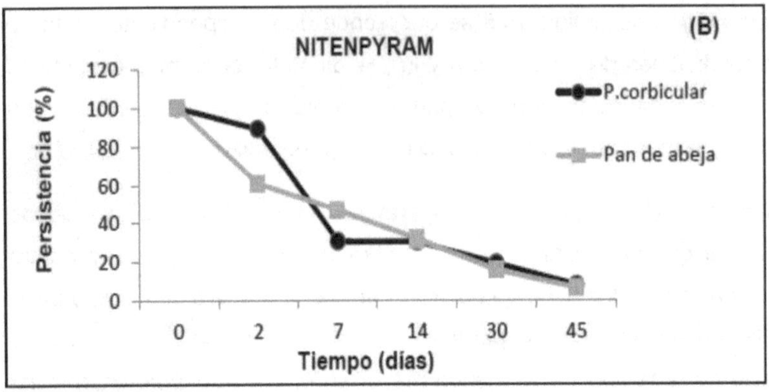


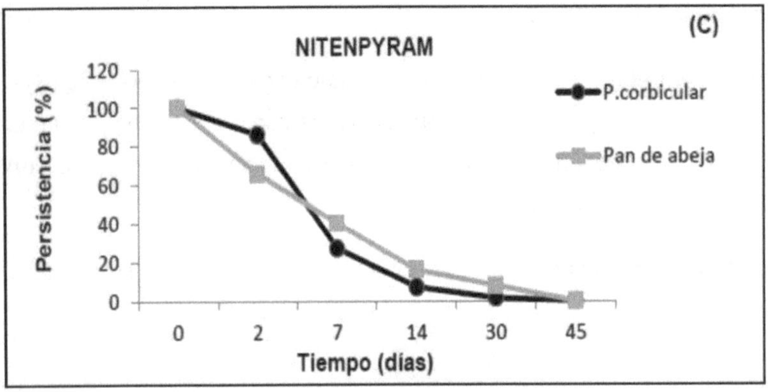


***Figura 29.*** *Gráfico que muestra la persistencia de nitenpyram en ausencia de radiación a 35°C **(A)** y a 25°C **(B)** y en presencia de radiación a 25°C **(C)**.*

En la figura 29 se puede observar que nitenpyram es un pesticida poco persistente en polen, comportamiento muy similar al que se observó en cera de abejas. En las tres gráficas se puede observar que el analito disipa rápidamente a partir del día 2 de exposición a las variables ambientales estudiadas.

En lo que se refiere a la temperatura, las gráficas (A) y (B) muestran que el analito es más sensible a mayores temperaturas, disipando más rápido a 35°C entre los días 14 y 45 con respecto a la temperatura más baja.

En cuanto al efecto de la luz, gráficas (B) y (C), no se observan diferencias importantes durante la primera semana de experimentación, situación que cambia a partir del día 14 con una persistencia mayor para el analito que está en oscuridad.

Los resultados de persistencia del tiametoxam en polen corbicular y pan de abeja se muestran en la figura 30.

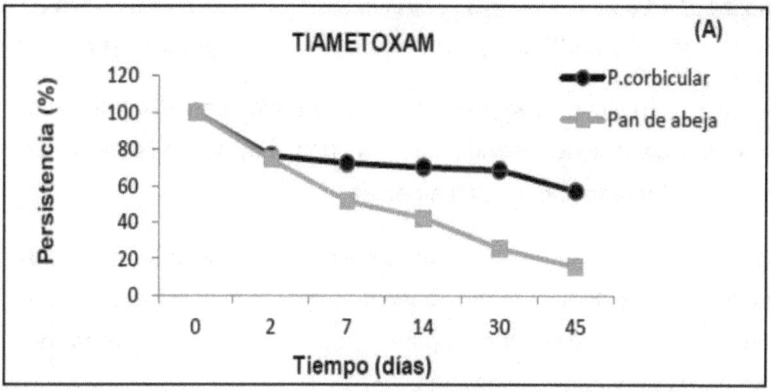


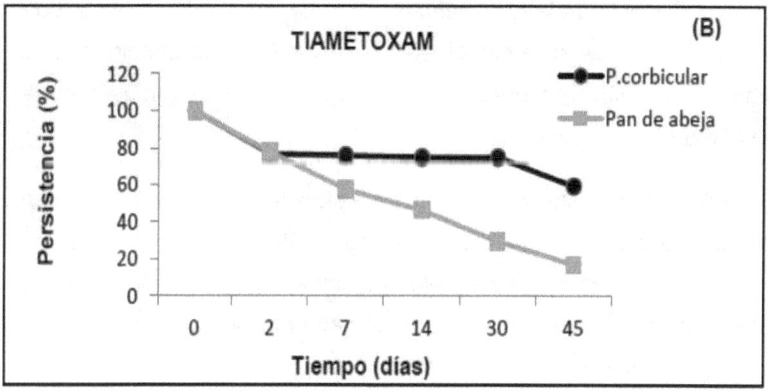

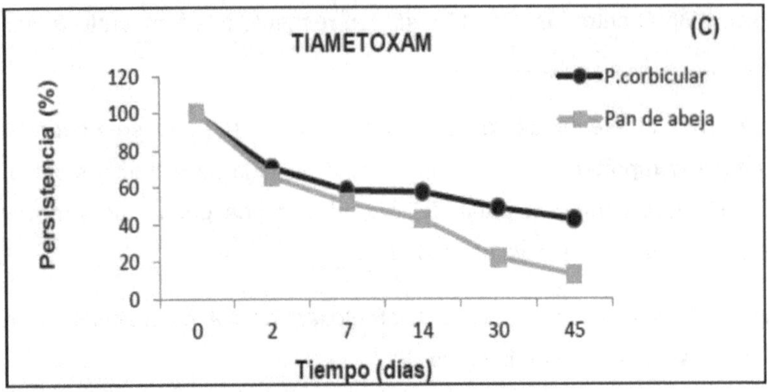


***Figura 30.** Gráfico que muestra la persistencia de tiametoxam en ausencia de radiación a 35°C **(A)** y a 25°C **(B)** y en presencia de radiación a 25°C **(C)**.*

La figura 30 muestra un comportamiento muy similar para el tiametoxam a todas las condiciones estudiadas, con una mayor persistencia en polen corbicular respecto del pan de abeja.

En lo que se refiere al efecto de la temperatura, gráficas (A) y (B), en todos los días estudiados se observa mayor persistencia a menor temperatura, resultados que sugieren una mayor inestabilidad del analito a las temperaturas más altas.

En cuanto al efecto de la luz, gráficas (B) y (C), se puede observar que tiametoxam es más sensible al efecto de la luz, haciéndolo menos persistente en ambos pólenes. Disipación que desciende rápidamente a hasta el día 45 de estudio.

Aunque no existen estudios sobre la persistencia de este compuesto en polen, es importante mencionar el estudio de Peña (2011) realizado en aguas residuales y lodos, que revela que tiametoxam es biodegradado y que se fotodescompone, proceso que se hace más lento en condiciones anaeróbicas y sin luz[171].

En la figura 31 se pueden observar los resultados de persistencia de la clotianidina a lo largo del tiempo en los dos tipos de pólenes estudiados. Los cuales indican que para todas las condiciones estudiadas, la clotianidina disipa más fácilmente en el pan de abeja que el polen corbicular, con valores de persistencia en éste último del 50% al final de estudio.

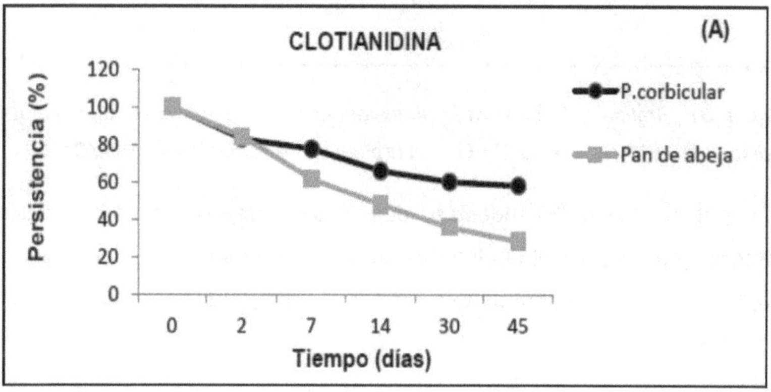


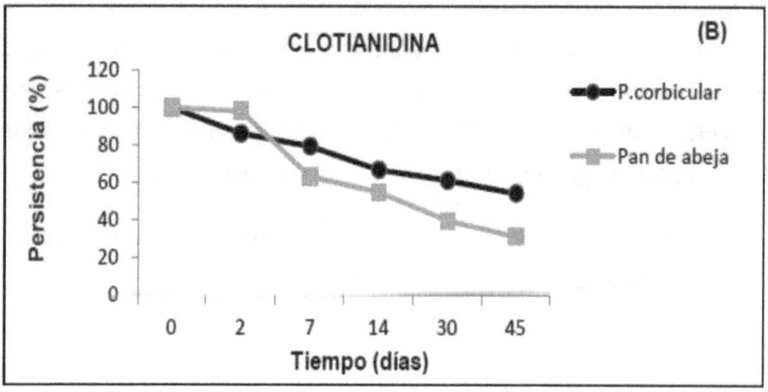

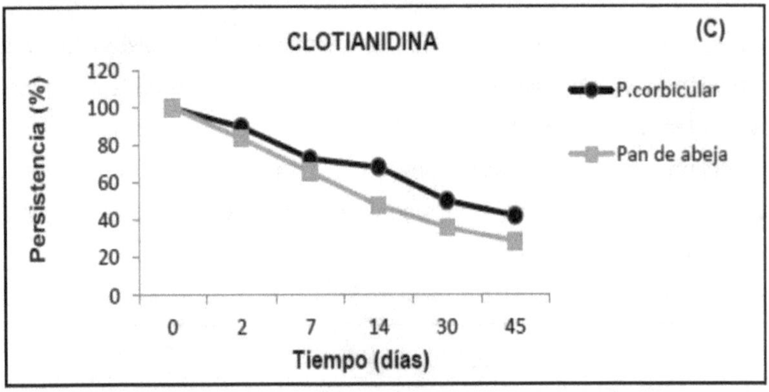


***Figura 31**. Gráfico que muestra la persistencia de clotianidina en ausencia de radiación a 35°C **(A)** y a 25°C **(B)** y en presencia de radiación a 25°C **(C)**.*

Las gráficas (A) y (B) muestran que la temperatura no es un factor determinante, ya que el analito es más persistente en polen corbicular a mayor temperatura,mientras que en pan de abeja persiste más a bajas temperaturas.

En cuanto a la influencia de la luz, gráficas (B) y (C), se puede observar que este factor si es determinante en la persistencia del analito, ya que en todos los días de medición se observan disipaciones más aceleradas para los pólenes expuestos a la luz. Resultado que coincide con los publicados por Papp (2011) y Zabar (2012), que indican que clotianidina se degrada más fácilmente en presencia de luz[172,173].

Para la imidacloprida los resultados obtenidos de este estudio se muestran en la figura 32.

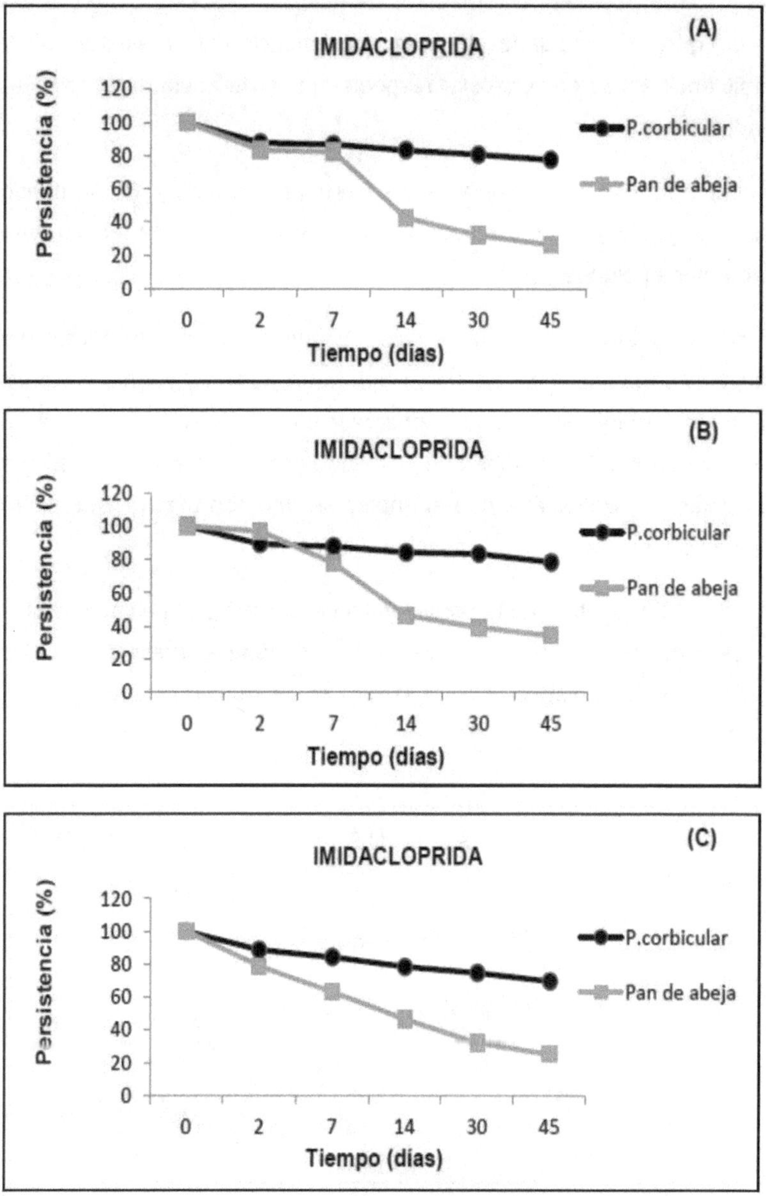


***Figura 32**. Gráfico que muestra la persistencia de imidacloprida en ausencia de radiación a 35°C **(A)** y a 25°C **(B)** y en presencia de radiación a 25°C **(C)**.*

En la figura 32 se puede observar que imidacloprida presenta mayor persistencia en polen corbicular respecto al pan de abeja para todas las condiciones estudiadas.

Respecto a la influencia de la temperatura, gráficas (A) y (B), se puede observar que hay un leve aumento de la disipación a mayor temperatura para ambos pólenes.

En cuanto al efecto de la luz, gráficas (B) y (C), este es otro factor que influye en la persistencia de imidacloprida en pólenes, ya que en todos los días de medición, se puede observar una persistencia más alta en ausencia de luz. Resultados que coinciden con los obtenidos para cera de abejas y que indicaría que el analito se degrada más fácilmente en pólenes o ceras que están expuestos a la luz.

La figura 33 muestra que la persistencia de acetamiprida es muy similar al resto de neonicotinoides estudiados, en general presentan mayor persistencia en polen corbicular o disipación más rápida en pan de abeja.

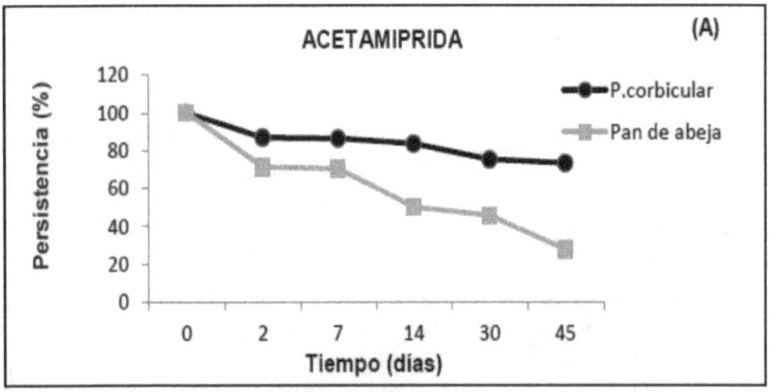

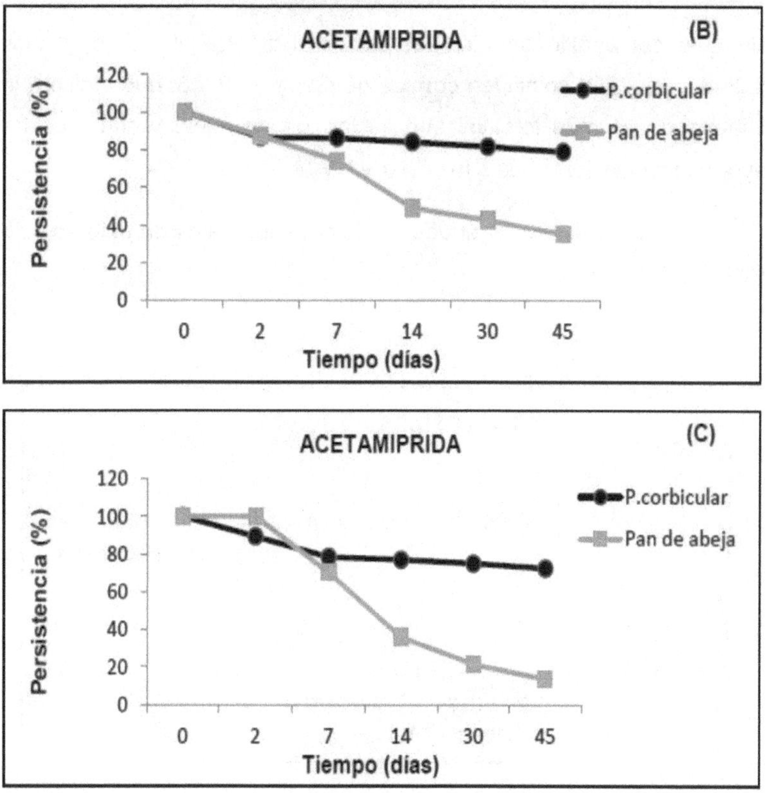


***Figura 33****. Gráfico que muestra la persistencia de acetamiprida en ausencia de radiación a 35°C* ***(A)*** *y a 25°C* ***(B)*** *y en presencia de radiación a 25°C* ***(C).***

En cuanto al efecto de la temperatura, gráficas (A) y (B) se puede observar que la persistencia es muy similar a 25 y 35°C, con porcentajes levemente más bajos para la temperatura mayor. Lo que podría indicar que el analito es menos estable a esta temperatura.

El efecto de la luz se puede evaluar en las gráficas (B) y (C), que muestran que a partir del día 2 todos los valores de persistencia son menores para los pólenes expuestos a la luz, resultados que coinciden con los obtenidos en cera, donde la luz es un factor que favorece la disipación del analito también en esta matriz. Por otro lado, dichos resultados también coinciden con los de Gupta el 2008, que indica que acetamiprida es más fotolábil que tiacloprida en suelo y que muestra mayor disipación expuesta a luz solar y UV[169].

Y por último en la figura 34 quedan reflejados los datos de este estudio para la tiacloprida.

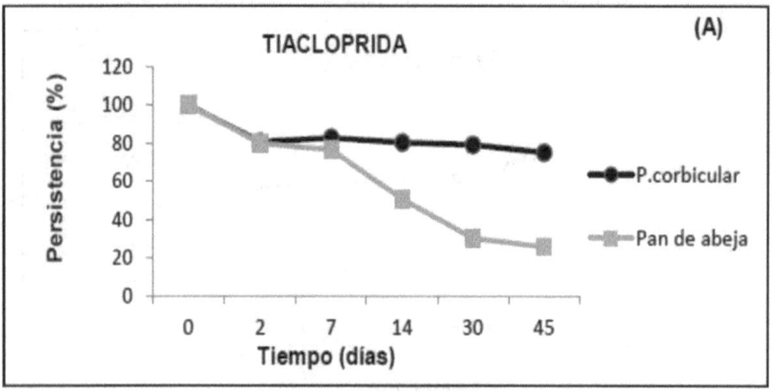


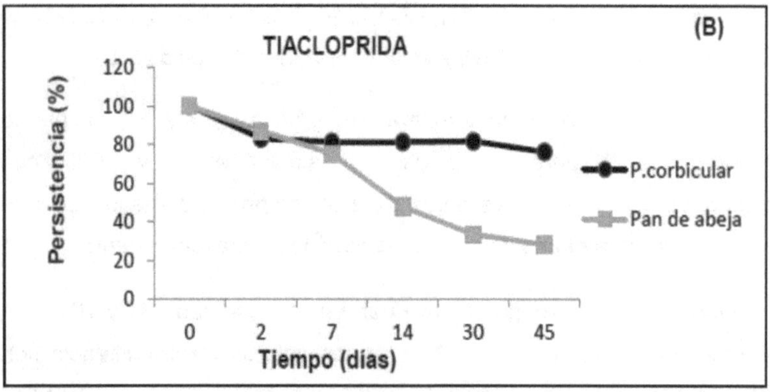

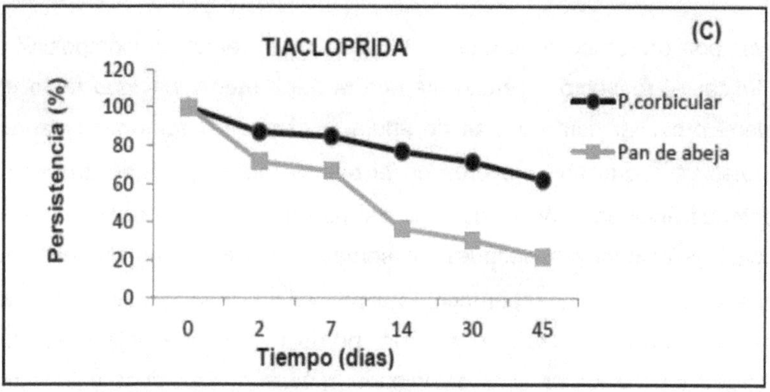


***Figura 34****. Gráfico que muestra la persistencia de tiaclóprida en ausencia de radiación a 35°C* ***(A)*** *y a 25°C* ***(B)*** *y en presencia de radiación a 25°C* ***(C).***

Finalmente la figura 34 muestra que la persistencia de tiacloprida en polen y pan de abeja tiene un comportamiento muy similar en el tiempo.

En cuanto al efecto de la temperatura, se puede observar que las gráficas (A) y (B), muestran el mismo comportamiento con una leve tendencia a partir del día 14 que indica que a 35°C el analito disipa más rápido que a 25°C.

En lo que se refiere a efectos de la luz, las gráficas (B) y (C) indican que el analito es sensible a la luz, generando menos persistencia en polen y pan de abeja expuestos a la radiación. Aunque estas diferencias son leves, los resultados coinciden con los expuestos por Gupta el 2008, que demuestra los efectos de la luz solar y UV aceleran su disipación en suelos.

Una vez finalizados los estudios de persistencia, se puede concluir que los neonicotinoides son menos persistentes en pan de abeja que en polen corbicular, resultados que podrían tener relación con las diferencias en la composición que presenta cada producto. Ya que como se mencionó en la introducción de este apartado, el pan de abeja pasa por un proceso fermentativo que hace variar su composición química. Al respecto, además merece la pena mencionar que tanto el polen corbicular como el pan de abeja, presentan cargas microbianas propias,[182,183] que son mayores en el pan de abeja y donde destacan bacterias ácido-lácticas autóctonas del pan de abeja.[183] Aunque dichos microbios disminuyen después de someter el polen a un proceso de secado, estos no desaparecen totalmente,[182] por lo que se podría pensar que su presencia en los productos podría influir en la degradación de los analitos estudiados, más aún si se tiene evidencia de la biotransformación de tiaclopride por efecto de bacterias presentes en el medio ambiente.[184]

## IV.5. OBSERVACIONES DETERMINACION DE NEONICOTINOIDES

### IV.5.1. GENERALES

- Se ha puesto a punto un método analítico rápido y muy sensible para determinar residuos de dinotefuran, nitenpyram, tiametoxam, clotianidina, imidaclíoprida, acetamiprida y tiacloprida en cera y polen, utilizando la cromatografía líquida de alta resolución con detección por espectrometría de masas.

- La determinación se ha llevado a cabo empleando una columna Kinetex de Phenomenex, $C_{18}$ 2,6μm (150mm x 4,60mm i.d), utilizando como fase móvil en régimen de gradiente una mezcla de ácido fórmico 0,1% en agua y acetonitrilo con un flujo de 0,5 mL/min, con un volumen de inyección de 15 μL y una temperatura de 35°C.

- El empleo de ESI como interfase del MS proporciona mejores resultados para la determinación de los siete neonicotinoides, en comparación con la interfase APCI.

- Los siete neonicotinoides en disolución agua/ACN (50:50 v/v) presentan mayor estabilidad en ausencia de luz y a 4°C, por lo que dichas soluciones deben ser almacenadas en viales ámbar y en frigorífico, condiciones que aseguran su estabilidad por 30 días.

## IV.5.2. EN CERA DE ABEJA

- Para determinar y cuantificar los siete neonicotinoides en cera ha sido necesario someter a las muestras a un tratamiento previo que ha consistido en una extracción líquido-líquido en caliente y posterior extracción en cartuchos de tierras de diatomeas. Se eligió este tipo de cartuchos ya que proporcionaban altos porcentajes de recuperación para todos los analitos, generando cromatogramas limpios, sin interferencias y que permitían la inyección de múltiples muestras sin dañar la columna.

- El método para la determinación de los siete neonicotinoides ha sido validado, presentando una buena selectividad y límites de detección entre 0,6 y 5 µg/kg para todos los analitos empleando como detector el MS.

- Tras el estudio de las pendientes de las líneas de calibrado y la existencia de un efecto matriz promedio del 30%, se puede concluir que todos los analitos deben ser cuantificados con una línea de calibrado en cera.

- De 24 muestras de cera analizadas provenientes de la región de Murcia, el 33% presentó residuos de tiametoxam con concentraciones entre 14 y 153 µg/kg, el 16,6% dio positivo para acetamiprida con concentraciones entre 11 y 61 µg/kg y un 12,5% de las muestras presentó residuos de ambos insecticidas.

- De los siete neonicotinoides estudiados, nitenpyram presenta menos persistencia en cera, disipando completamente a los 30 días a todas las condiciones establecidas. Los seis pesticidas restantes son mucho más persistentes incluso transcurridos 120 días de estudio. En general, la luz y la temperatura favorecen la disipación de estos pesticidas en cera de abejas.

### IV.5.3. EN POLEN APICOLA

- Para determinar y cuantificar los siete neonicotinoides ha sido necesario someter a los pólenes a un tratamiento previo que ha consistido en una extracción sólido-líquido y posterior filtración con papel, sin necesidad de una etapa de extracción en fase sólida y limpieza.

- El método para la determinación de los siete neonicotinoides ha sido validado, presentando una buena selectividad y límites de detección entre 0,4 y 2,8 μg/kg para todos los analitos empleando como detector el MS.

- Tras el estudio de las pendientes de las líneas de calibrado y la existencia de un efecto matriz promedio del 35%, se puede concluir que todos los analitos deben ser cuantificados con una línea de calibrado en polen.

- De 27 muestras de polen analizadas provenientes de distintas regiones de España, una dio positiva para acetamiprida con 5,89 μg/kg, lo que justifica la necesidad de desarrollar este tipo de metodologías analíticas.

- Al igual que en cera, nitenpyram es el pesticida que menos persistencia tiene en polen corbicular y pan de abeja, disipando casi completamente entre los 30 y 45 días a todas las condiciones establecidas. Los demás pesticidas presentan persistencias muy variadas, que van desde un 12 a un 80% (día 45) dependiendo de las condiciones de luz y temperatura. En general, los analitos disipan más fácilmente en pan de abeja, seguido del polen corbicular, mientras que la mayor persistencia se observa en cera de abejas.

# IV.6 DETERMINACION DE IMIDACLOPRIDA EN CERA.

## IV.6.1. INTRODUCCIÓN

Aunque ya se ha incluido este compuesto en el análisis multirresiduo, se ha dedicado un apartado específico a su determinación, tratando de conseguir límites de detección más bajos y menor tiempo de análisis, en respuesta a las opiniones de diversos sectores que atribuyen la desaparición de las abejas a la presencia de residuos de este neonicotenoide.

La imidacloprida es el primer insecticida sintético de la familia de los cloronicotilinos, nombre que reciben debido a la presencia de un átomo de cloro en la posición seis del anillo nicotilínico o también llamados neonicotinoides ya que derivan de la estructura de la nicotina

Este insecticida (patentado en USA en mayo de 1988) presenta un modo de acción idéntico al alcaloide natural S-(-)-nicotina, actuando sobre el sistema nervioso central de los insectos como agonista de los receptores de acetilcolina, bloqueando la proteína receptora de la acetilcolina en la célula postsináptica, lo que interfiere con la transmisión química del estímulo nervioso durante la sinapsis.[185] Como se mencionó en los antecedentes, este modo de acción tan particular, su amplio espectro de acción y versatilidad en los modos de aplicación, han hecho que este insecticida se convierta en uno de los más vendidos en todo el mundo, encontrándose en más de 15 formulaciones y siendo su empleo sobre semillas (Gaucho) la que parece, está más ligada a la desaparición de las abejas.

En cuanto a la metodología para el análisis de sus residuos, y teniendo en cuenta su gran aplicación, existe gran cantidad de trabajos para determinarla en matrices tan variadas como frutas y vegetales,[186-195]

suelos y aguas,[196-202] cultivos agrícolas,[203-205] peces[206] e incluso tejido humano post morten.[207] En lo que se refiere a productos derivados de la colmena se han encontrado distintos trabajos,[208-218] de los cuales la mayoría está enfocado al análisis en miel[209-218] y muy escasamente se han analizado los residuos en polen[208,210,211,213,214] y cera.[212-214] De todos los trabajos citados, la mayoría utiliza la técnica cromatográfica en fase líquida, empleándose principalmente el modo de separación en fase inversa, donde todos recomiendan columnas con fase estacionaria $C_{18}$. La cromatografía en fase gaseosa se emplea en raras ocasiones.

En relación a las fases móviles más empleadas, la mayoría de los autores emplean disoluciones de ácido acético[208,212-215] y como modificador orgánico metanol[216] o acetonitrilo,[208,212-215,217] con elución en modo isocrático cuando se analiza sólo imidaclopride o modo gradiente cuando hay más analitos.

En lo que se refiere a la detección, dentro de los trabajos en los cuales se han analizado matrices apícolas, las técnicas más empleadas son la espectrometría de masas con cuadrupolo[209,212,213] y en tándem[208,210,211,214,215] mientras que hay un solo trabajo que realiza la detección por DAD,[216] otro por fluorescencia[217] y un artículo que utiliza ELISA (enzime-linked inmunosorbent assay) , que consiste en la detección de imidacloprida por interacción con una enzima.[218]

De los trabajos examinados, es importante mencionar que también existe uno que emplea el método QuEChERS, un tratamiento de muestra rápido, fácil de aplicar, económico, robusto y seguro que consiste en una etapa de extracción y posterior limpieza con distintas sales, ampliamente utilizado en el análisis de pesticidas en muestras alimentarias y agrícolas,[219] si bien en este tipo de muestras no es de tan fácil aplicación.

En lo que respecta al tratamiento de muestra, también se puede apreciar que existen varios trabajos que utilizan las tierras de diatomeas,[212-215,217] ya sea como material de relleno de cartuchos o como material para filtrar soluciones acuosas.

En este sentido, la etapa de preparación de muestra es muy importante a la hora de analizar residuos de plaguicidas. Considerando esto, en la mayoría de los trabajos se ha sugerido la extracción de los analitos ya sea por medio de extracción líquido-líquido (LLE) o extracción sólido-líquido (SLE) de la matriz y una posterior etapa de limpieza, que normalmente recurre a la extracción en fase sólida (SPE). A continuación se resumen las etapas más significativas de la preparación de muestra empleadas en los cinco artículos en donde se hace mención a la cera como matriz.

a) En las dos publicaciones de Schöning (2001 y 2003), en las que se trata cera de abejas[213,214] se describe un único tratamiento de muestra para matrices tan variadas como soja y girasol (flores, polen y hojas), maíz (flores y polen), arboles (flores y hojas) castañas, cera y abejas, no siendo exclusivo para la matriz de interés. Dicho procedimiento consiste en la extracción de dos gramos de muestra con 30mL de una mezcla MeOH /$H_2O$ (3:1 v/v) y homogenización por 3 minutos para la posterior filtración con 2,5g de tierras de diatomeas, dicho filtrado es lavado con 30mL de la misma mezcla para luego tomar una alícuota de 30mL y concentrar en rotavapor. Dicho concentrado posteriormente es transferido a un cartucho Chem Elut (1020) relleno con tierras de diatomeas, con un tiempo de acondicionamiento de 15 minutos, para luego eluir con 140mL de diclorometano ($CH_2Cl_2$), dicho eluato es evaporado a sequedad y posteriormente reconstituido en 2mL de una mezcla de tolueno/acetato de etilo (AcEt) (85:15 v/v), disolución orgánica que es percolada a través de un segundo cartucho de 0,5g de sílica gel (3mL) y eluida con 5mL de ACN, que finalmente es evaporado a sequedad y redisuelto en 1mL ACN/$H_2O$ (2:8 v/v) para su análisis por LC-MS/MS. Las recuperaciones de este método para todas las matrices analizadas se encuentran entre un 68% y 107% y límites de detección (LOD) del orden de 1,5 µg/kg.

Como posible inconveniente de este método es de resaltar que la duración y costes asociados al análisis de cada muestra deben ser altos ya que además de emplear dos sorbentes distintos, debe considerarse el consumo de disolventes que implican la extracción, lavado del filtrado, dos eluciones en cartuchos y dos volúmenes de reconstitución de los extractos evaporados y un proceso muy laborioso.

b) Un tercer trabajo, Nguyen ( 2009),[212] realiza la preparación de muestra sobre 0,5g de cera enfriados previamente con nitrógeno líquido, a la cual se adiciona 1,5mL de agua y 2,5,mL de etanol (EtOH), mezcla centrifugada por 20 minutos y cuyo sobrenadante es transferido a un cartucho Chem Elut humedecido previamente con 1mL de solución de NaCl al 20%, con un tiempo de espera para su acondicionamiento de 15 minutos, seguido de la elución con 10mL de una mezcla de *n*-hexano/diclorometano (50:50 v/v). El extracto obtenido de la elución es luego evaporado bajo una suave corriente de nitrógeno a 30°C hasta obtener aproximadamente 1mL de extracto que se deja en el congelador toda la noche a -20°C. El sobrenadante es posteriormente evaporado a 30°C con nitrógeno y reconstituido con 200 µL de *n*-hexano, filtrado y transferido a un vial de GC. El límite de detección informado para los pesticidas, incluida imidacloprida, es de 0,05 µg/kg.

Esta metodología presenta un buen LOD, pero el procedimiento es demasiado largo en el sentido que debe estar a -20°C durante toda la noche, para continuar con el tratamiento y análisis el día siguiente, haciendo que todo el proceso sea muy poco práctico al tener que abordar un número elevado de muestras, como normalmente se requiere.

c) Los otros dos artículos de más interés, Chauzat (2009 y 2011), también presentan una preparación de muestra común,[210,211] y aunque no analizan imidacloprida en cera, describen el tratamiento para la extracción de otros pesticidas organoclorados, este consiste en la extracción de 2 g de cera con n-hexano en baño de ultrasonido a 40ºC, para luego enfriar la mezcla con nitrógeno líquido, centrifugar y separar el sobrenadante. Este último es evaporado en evaporador rotatorio a 40ºC hasta obtener 6 mL aproximadamente, extracto que luego es sometido a dos LLEs con n-hexano y luego con ACN, esta última fracción es concentrada en evaporador rotatorio hasta 2ml aproximadamente. Finalmente este extracto es sometido a limpieza con SPE usando cartucho $C_{18}$ y elución con una mezcla de ACN/$H_2O$, al eluato se le agregan 20mL de ACN. Esta disolución es finalmente evaporada a sequedad en rotavapor y el concentrado es redisuelto en 1mL de AcEt para su posterior análisis por GC-MS/MS.

Con relación a la metodología propuesta es importante señalar por nuestra experiencia que la cera a 40ºC se encuentra mayoritariamente en estado sólido y el n-hexano no la disuelve totalmente a dicha temperatura, lo que hace más difícil la extracción de los analitos, más aún, si ésta no ha sido sometida a molienda y los tamaños de la cera son demasiado grandes. En este contexto entonces, quedan dudas acerca de las buenas recuperaciones de los pesticidas.

Como resumen de los antecedentes bibliográficos relativos a la determinación de imidaclóprida en cera de abejas, se puede señalar que:

- Existe muy poca bibliografía que relacione este analito con la matriz de interés, solo hemos encontrado tres referencias concretas de su determinación en cera de abejas.
- Las tierras de diatomeas son un sorbente muy utilizado en la retención selectiva de este analito.
- La fase estacionaria de las columnas es la $C_{18}$.
- Las fases móviles más sugeridas son con modificador orgánico metanol y acetonitrilo.
- La técnica más empleada para la determinación es la cromatografía líquida con detección por MS, cuadrupolo y en tándem.

Con el objetivo determinar únicamente en muestras de cera imidaclóprida se intentara establecer un método de análisis en el menor tiempo posible y con unos menores límites de cuantificación que los establecidos para dicho analito en el apartado del mutiresiduo.

## IV.6.2. CONDICIONES CROMATOGRÁFICAS

En base a los conocimientos adquiridos en el apartado anterior, trabajando como la misma columna cromatográfica, Kinetex $C_{18}$ de 150mm x 4,60mm de diámetro interno y tamaño de partícula 2,6µm de Phenomenex se han examinado los distintos parámetros cromatográficos para encontrar las condiciones que permitan la determinación de imidaclóprida en muestras de cera a los niveles más bajos posibles, en el menor tiempo posible. En dicho estudio se procedió a modificar una variable manteniendo el resto de ellas constante. A continuación se describe el proceso de selección de manera detallada para cada una

### IV.6.2.1. Composición de la fase móvil

Para comenzar el estudio de la composición de la fase móvil, se preparó una disolución patrón de imidacloprida de 1 mg/kg, posteriormente se realizó una serie de experiencias manteniendo constantes un volumen de inyección de 10μL y un flujo de fase móvil de 0,5mL/min. El objetivo de dicho estudio fue conocer la variación del tiempo de retención del analito, disminuir el solapamiento con interferencias propias de la matriz y conseguir una señal simétricamente para su posterior cuantificación.

Considerando los trabajos citados en la bibliografía y los conocimientos adquiridos en el apartado multiresiduo en los que se analiza imidacloprida en distintas matrices, se utilizó como fase móvil inicial, una mezcla constituida por agua y acetonitrilo, variando las proporciones iniciales desde 70:30 hasta 50:50 en modo isocrático, pero los resultados no fueron satisfactorios, ya que la señal del analito se solapaba con una interferencia propia de la matriz, detectada en blancos inyectados con las mismas condiciones estudiadas.

A pesar de que las proporciones anteriores presentan superposición de la señal con un interferente de la matriz, la proporción 60:40 genera una buena separación entre la señal y el frente cromatográfico, con un tiempo de retención de 4,6 minutos, por lo que se pensó modificar el pH del agua para intentar separar la señal y la interferencia usando esta proporción. Se ensayaron cuatro pH distintos con valores de 2, 4, 7 y 9, pero la señal del analito aún solapaba con la interferencia, por lo que se pensó cambiar el modificador orgánico por metanol.

Considerando que el metanol tiene menos fuerza que el modificador orgánico utilizado hasta ahora (acetonitrilo), para comenzar con las pruebas la cantidad de modificador se aumentó en diez unidades, realizando las siguientes pruebas con una proporción agua/metanol 50:50. De esta manera se ensayaron los mismos valores de pH mencionados anteriormente, de los cuales, los pH ácidos y básicos, no presentaban ninguna mejoría, ya que el analito aún solapaba con la interferencia y los cromatogramas obtenidos eran más sucios. Caso contrario se dio eluyendo con agua a pH 7 y metanol en proporción 50:50, ya que la señal del analito ya no coincidía con la señal de la matriz y disminuyó su tiempo de retención a 4,5 minutos. De esta manera se seleccionó una fase móvil compuesta por agua a pH 7 y metanol en proporción 50:50 en modo isocrático.

Una vez seleccionada la composición de la fase móvil, se realizó el estudio de la influencia que ejercían la temperatura de la columna y el volumen de inyección para posteriormente seleccionar las condiciones cromatográficas óptimas.

### IV.6.2.2. Temperatura de la columna

Para estudiar la influencia de la temperatura de la columna sobre la señal se realizaron ensayos variando dicho parámetro entre 25 y 40°C, en intervalos de 5°C. Los resultados obtenidos se muestran en la tabla 28.

***Tabla 28*** *Influencia de la temperatura en los parámetros cromatográficos (n=3).*

| **Parámetro cromatográfico** | **Temperatura (°C)** | | | |
|---|---|---|---|---|
| | **25** | **30** | **35** | **40** |
| Tiempo de Retención (min) | 4,6 | 4,6 | 4,5 | 4,5 |
| Anchura (min) | 0,15 | 0,16 | 0,17 | 0,18 |
| Simetría | 0,97 | 0,97 | 0,97 | 0,96 |

Se puede apreciar que el aumento de la temperatura en ese intervalo no tiene una influencia significativa sobre los tres parámetros cromatográficos estudiados, por esta razón se seleccionó una temperatura de 25°C.

### IV.6.2.3. Volumen de inyección

Considerando que se desea llegar a concentraciones lo más bajas posibles del compuesto y que con mayores volúmenes de inyección se podrían obtener límites de detección más bajos, el siguiente parámetro a estudiar fue el volumen de inyección. De esta manera se estudiaron distintos volúmenes de inyección entre 10 y 40 µL, con intervalos de 10 µL.

Es importante mencionar que, a pesar de que la muestra es sometida a un tratamiento de limpieza antes de ser inyectada en el equipo, se evitó la inyección de volúmenes muy altos ya que mayores cantidades de cera residual introducida a la columna aceleraban su deterioro en el tiempo. Si a esto además se une que durante la experimentación se evidenció una acumulación de impurezas en la interfase, después de varias inyecciones consecutivas, los volúmenes ensayados no deberían ser superiores a los 40 µL. Los resultados obtenidos de este estudio se muestran en la tabla 29.

***Tabla 29.*** *Influencia del volumen de inyección en los parámetros cromatográficos (n=3).*

| **Parámetro cromatográfico** | **Volumen de inyección (µL)** | | | |
|---|---|---|---|---|
| | **10** | **20** | **30** | **40** |
| Tiempo de retención (min) | 4,6 | 4,6 | 4,7 | 4,7 |
| Señal/ruido | 46 | 65 | 68 | 71 |
| Anchura (min) | 0,17 | 0,17 | 0,22 | 0,31 |
| Simetría | 0,90 | 0,99 | 0,95 | 0,94 |

Al analizar los resultados de la tabla 29 se observa que la relación señal/ruido aumenta considerablemente al inyectar 20 µL, pero a volúmenes mayores dicha variación no es tan apreciable, esto debido a que el aumento del ruido es más acusado. En cuanto a los demás parámetros que tienen relación con la señal del analito, se puede decir que hay un aumento significativo en el ancho de la señal a volúmenes superiores a 20 µL y además se observa una mejora en la simetría cuando se inyectan 20 µL, por lo que dicho volumen fue el seleccionado

Como resultado de los estudios realizados se propone para la determinación de imidacloprida, una fase móvil constituida por agua a pH 7 y metanol (50:50 v/v), en régimen isocrático, con un flujo de 0,5 mL/min a una temperatura de 25°C e inyección de 20 µL.

### IV.6.2.4. Condiciones para la detección

Al modificar las condiciones de fase móvil frente al análisis multirresiduo se comprobó si empleando como fase móvil agua a pH 7 y metanol (50:50 v/v) los parámetros para llevar a cabo la detección empleando la espectrofotometría de masas. Como era obvio los resultados obtenidos fueron los mismos que el caso del análisis conjunto de los siete analitos.

Se llevó a cabo la cuantificación utilizando como fuente de ionización ESI (+) empleando un flujo de gas secante ($N_2$) de 9 L/min a una temperatura de 340ºC y con una presión de nebulización de 60 psi, aplicando un voltaje de capilar de 2500V y un voltaje de fragmentador de 140V. Se llevó a cabo un barrido de masa/carga obteniéndose Como ión de cuantificación se obtuvo el M+1

Una vez establecidas las condiciones de separación y detección para la cuantificación de la imidacloprida en el menor tiempo posible y con los menores límites, donde el cromatograma obtenido se muestra en la figura 35, se llevó a un estudio de la etapa de preparación de muestra

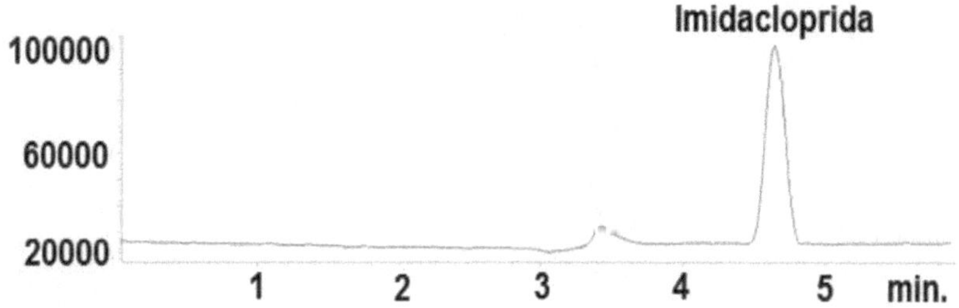


***Figura 35**. Cromatograma LC-ESI-MS de una disolución de imidacloprida de 40 µg/L con las condiciones seleccionadas.*

### IV.6.3. TRATAMIENTO DE MUESTRA

Una vez adicionado el patrón de imidacloprida a la muestra, fue necesario seleccionar un disolvente para disolver la cera y facilitar la siguiente etapa de extracción. Para ello y debido a los buenos resultados obtenidos en los apartados anteriores se empleó la mezcla de n-hexano/isopropanol en proporciones 5:5, 6:4, 7:3, 8:2 y 9:1, y se realizaron las extracciones con un volumen fijo de agua, metanol y acetonitrilo para evaluar las mejores recuperaciones. Los resultados de estas pruebas se pueden observar en la tabla 30 donde sólo se reflejan los resultados de recuperación obtenidos al emplear agua como extractante pues cuando se utilizaban los otros dos disolventes no se producía una buena separación entre las fases.

***Tabla 30.*** *Recuperaciones de imidacloprida obtenidas después de disolver la cera con diferentes mezclas n-hexano/isopropanol*

| Relación n-hexano/isopropanol | Recuperación (%) |
|---|---|
| 5:5 | 67 |
| 6:4 | 78 |
| 7:3 | 88 |
| 8:2 | 104 |
| 9:1 | 92 |

De los resultados de la tabla 30 se desprende que los mejores resultados al igual que en el caso del estudio multirresiduo, como era de esperar, se obtenían con la mezcla 8:2. Si se comparan estos resultados con los obtenidos en la tabla 6 , en este caso los % de recuperación son superiores lo cual podría atribuirse a la ausencia de los otros analitos en la matriz en este caso.

Una vez seleccionado el mejor extractante, en este caso agua, se estudiaron las distintas proporciones de disolvente y extractante para una óptima extracción líquido-líquido. Al igual que el caso del análisis multirresiduo de las proporciones ensayadas la que condujo a los mejores resultados fue 15mL n-hexano-IPA y 10 mL. de agua, con un 102% de recuperación.

Otros dos parámetros que fue necesario fijar, fue la temperatura y el tiempo de extracción. Considerando los buenos resultados obtenidos en los estudios anteriores la extracción se realizó a 60°C y se estableció un tiempo de extracción de 5 minutos.

Una vez realizada la extracción líquido-líquido, fue necesario separar ambas fases, por lo que la mezcla fue depositada rápidamente y en caliente a un embudo de decantación para separar las fases. En esta etapa y como prueba, se inyectó una alícuota de la fase acuosa, pero el cromatograma obtenido presentaba muchas interferencias y la ionización de los iones para su detección por MS no era la óptima, debido a que los componentes de la matriz (hidrocarburos, ésteres y pigmentos) ensuciaban la fuente de ionización. Para solucionar estos problemas se decidió emplear la extracción en fase sólida (SPE), que además permite concentrar la muestra. En esta etapa se estudiaron cuatro cartuchos diferentes: Oasis® HLB (relleno polimérico), Florisil® (silicato de magnesio), Strata® C18-E (relleno polimérico con 17% de carbón) y un cartucho muy utilizado en la evaluación de imidacloprida en distintas matrices que se caracteriza por un relleno con tierras de diatomeas denominado Isolute HM-N.

En cuanto a los tres primeros cartuchos mencionados, se pre acondicionaron, con metanol y agua adicionando consecutivamente, 5 mL de cada disolvente. Tras realizar el paso de muestra, se evaluó la posibilidad de secar el cartucho, para ello se evaluaron tres tiempos de secado con flujo de nitrógeno entre 5 y 30 minutos, para los cuales no se observaron diferencias significativas en las recuperaciones, por lo que se seleccionaron los 5 minutos priorizando menores tiempos en dicha etapa. En cuanto al volumen de elución de los tres cartuchos de SPE, estos fueron eluidos con 5 mL de los cinco disolventes de distinta polaridad

El cartucho Isolute HM-N presenta algunas ventajas con respecto a los otros sorbentes de SPE, como por ejemplo, que no necesita pre acondicionamiento, por lo tanto se pasó en primer lugar los 10 ml de muestra que fueron eluidos con 20 mL de los distintos disolventes.. Los resultados de las recuperaciones obtenidas se pueden ver en la tabla 31.

***Tabla 31.*** *Recuperaciones de imidacloprida obtenidas después de las etapas de extracción de cera dopada (250 µg/kg) y limpieza con distintos disolventes para los cuatro cartuchos propuestos (n=3).*

| **Eluyente** | **Recuperación (%) ± CV (%)** | | | |
|---|---|---|---|---|
| | **Isolute HM-N**[1] | **Florisil**[2] | **Oasis HLB**[2] | **Strata C18-E**[2] |
| Cloroformo | 37 ± 5,1 | 35 ± 5,4 | 33 ± 5,2 | 30 ± 5,7 |
| Acetato de etilo | 51 ± 4,9 | 26 ± 5,6 | 35 ± 5,4 | 37 ± 5,1 |
| Diclorometano | 44 ± 5,2 | 24 ± 4,9 | 31 ± 5,6 | 45 ± 5,5 |
| Acetona | 95 ± 5,3 | 38 ± 4,8 | 52 ± 4,9 | 58 ± 6,0 |
| Acetonitrilo | 88 ± 5,2 | 34 ± 5,7 | 41 ± 4,7 | 50 ± 5,4 |
| Metanol | 75 ± 4,8 | 18 ± 5,2 | 43 ± 5,1 | 46 ± 5,3 |

[1] Cartuchos eluidos con 20 mL

[2] Cartuchos eluidos con 5 mL

De la tabla anterior se puede deducir que las mejores recuperaciones se obtuvieron para la elución, con la mayoría de los disolventes estudiados, en cartuchos Isolute HM-N. Otra ventaja que presentó el uso de las tierras de diatomeas fue que se obtuvieron cromatogramas más limpios y sin interferencias con respecto a los resultados obtenidos con los otros cartuchos ensayados. De la misma tabla también hay que destacar, que aunque los resultados también son buenos para la elución con acetonitrilo, la acetona fue seleccionada porque tiene un punto de ebullición menor, favoreciendo su evaporación en la siguiente etapa. El extracto resultante fue transferido a un matraz de fondo redondo de 25 mL para ser evaporado a sequedad a 40°C en evaporador rotatorio. A continuación el residuo fue reconstituido en 1 mL de fase móvil (agua a pH 7/metanol, 50:50, v/v), y pasado a través de un filtro de jeringa de

0,45 µm, para finalmente inyectar una alícuota de 20 µL en el equipo de LC-ESI-MS con las condiciones mencionadas en el apartado anterior.

## IV.6.4. ESTABILIDAD DE IMIDACLOPRIDA EN AGUA/METANOL

Se evaluó la estabilidad de imidacloprida en la disolución reconstituyente: agua a pH 7 /MeOH (50:50 v/v). Para ello se prepararon disoluciones de imidacloprida a una concentración de 250µg/L y estas disoluciones se conservaron a distintas condiciones de temperatura y luz. Una fue guardada en frigorífico a 4°C, otra se mantuvo en presencia de radiación a 25°C, otra disolución en las mismas condiciones de temperatura pero aislada de radiación y otras se mantuvieron en estufa a 35°C y 60°C. Dichas disoluciones fueron inyectadas de manera regular durante 30 días con las condiciones cromatográficas seleccionadas en el apartado anterior. Cada día de medición se preparó una disolución de referencia de la misma concentración para contrastar los resultados.

Los resultados obtenidos se muestran en la figura 36, donde la gráfica representa el % de la señal del analito con respecto al patrón de referencia durante el tiempo que duró el estudio.

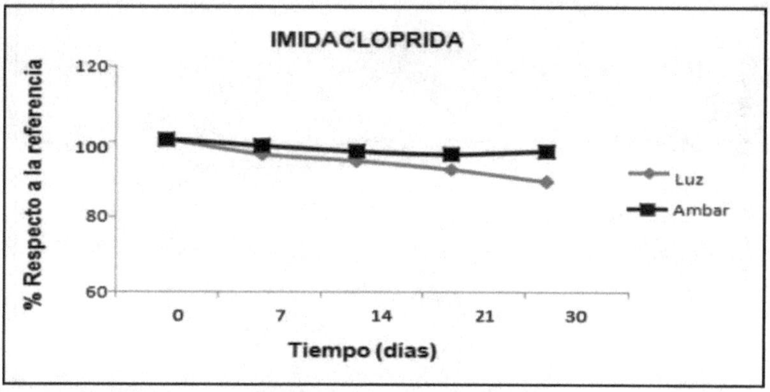


***Figura 36.*** *Gráfica correspondiente al estudio de la influencia de la radiación sobre imidacloprida expuesta a la radiación (vial transparente) y protegida de la radiación (vial ambar).*

Como se puede observar el efecto de la radiación a los 30 días puede generar pérdidas cercanas al 10%, estabilidad que no se ve afectada en viales protegidos de la radiación, por lo que las disoluciones que contienen imidacloprida deben ser almacenadas en viales de color ámbar.

A continuación se muestra el estudio del efecto de la temperatura sobre las disoluciones de imidacloprida, donde se representa el % de señal del compuesto con respecto al patrón de referencia durante el tiempo que duró el estudio .Figura 37

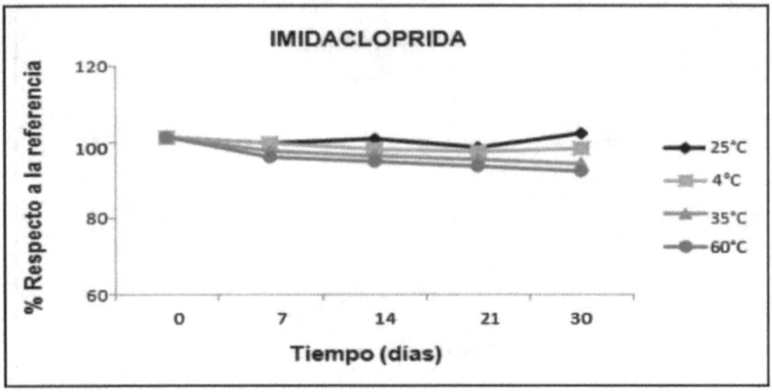


***Figura 37.*** *Gráfica correspondiente al estudio de la influencia de la temperatura sobre imidacloprida*

A la vista de los resultados se observa una mayor estabilidad a 4 y 25°C. Con una leve pérdida del analito a medida que aumenta la temperatura y el tiempo. Lo que indica que para asegurar la estabilidad de la disolución, los viales deben ser almacenados en frigorífico además del empleo de viales topacio, como se indicó anteriormente.

## IV.6.5. VALIDACIÓN DEL MÉTODO

Para ello se evaluó selectividad, límites de detección y cuantificación, la linealidad, el efecto matriz y la precisión y exactitud para el método LC-ESI-MS.

### IV.6.5.1. Selectividad

Para la evaluación de la selectividad del método propuesto se compararon los cromatogramas de extractos de cera tratados, que no contenían imidacloprida, con extractos de cera tratados a los que se les había añadido imidacloprida. Como se observa en la figura 38 no hay coelución con ningún componente de la matriz y tampoco hay interferentes al tiempo que eluye el analito de interés.

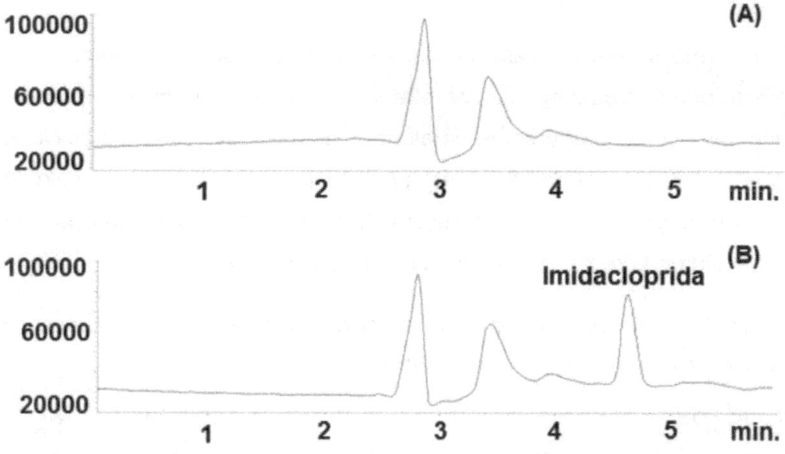


***Figura 38.*** *Cromatogramas representativos LC-ESI-MS (SIM) (A) cera tratada y (B) cera que contiene imidacloprida a concentración 250 µg/kg*

### IV.6.5.2 Límite de detección y cuantificación

Se procedió de manera totalmente análoga a los apartados anteriores, inyectando extractos blancos, a los cuales se les midió el valor del ruido de la respuesta analítica al tiempo que eluye la imidacloprida y a continuación se inyectaron extractos de cera con imidacloprida adicionada hasta obtener una señal, que produjera relaciones señal/ruido de 3 y 10 veces para establecer el límite de detección (LOD) y cuantificación (LOQ) respectivamente. Los valores de LOD y LOQ calculados para el método propuesto, fueron 0,1 y 0,5 µg/kg, respectivamente, que suponen unos valores 10 veces menores respecto a los obtenidos en el tratamiento multirresiduo.

### IV.6.5.3. Linealidad y efecto matriz

Así mismo se llevó a cabo un estudio de linealidad y se comprobó el efecto que la matriz ejercía sobre la ionización. Para lo cual se preparó una línea de calibrado sobre ceras tratadas a las cuales se les adicionó una disoolución patrón de imidacloprida en fase móvil en un intervalo de concentración de 0,5 a 1000 µg/kg. Los resultados obtenidos para la ecuación de la recta se pueden observar en la tabla 32.

***Tabla 32.*** *Parámetros de la línea de calibrado para un intervalo analítico comprendido entre 0,5 y 1000 µg/kg (n=6)*

| **Calibrado** | **a** | **$S_a$** | **b** | **$S_b$** | **$R^2$** | **$S_{y/x}$** |
|---|---|---|---|---|---|---|
| Disolución | -28.511 | 31.550 | 22.925 | 129,2 | 0,9999 | 104.958 |
| Cera | 3.243 | 23.067 | 15.423 | 94,4 | 0,9997 | 108.596 |

Al igual que en los casos se cumple que la $t_{exp} > t_{tab}$, por lo tanto se acepta que el método es lineal. En cuanto al valor del coeficiente de determinación ($r^2$), se puede deducir el buen ajuste del calibrado a los datos experimentales, ya que en ambos casos su valor es superior a 0,999.

Se pudo calcular un efecto matriz ~35%, por lo que la cuantificación de imidacloprida debe ser realizada sobre un calibrado de patrones en cera.

#### IV.3.5.4. Precisión y Exactitud

La precisión del método se estableció en términos de repetitividad y precisión intermedia. Para realizar ambos estudios, se procedió a inyectar por sextuplicado cuatro muestras de cera a las cuales se adicionó imidacloprida a cuatro niveles de concentración y que fueron sometidas al tratamiento de muestra seleccionado. En el caso de la evaluación de repetitividad, las inyecciones se realizaron el mismo día, mientras que para el estudio de la precisión intermedia, dichas inyecciones fueron realizadas en tres días consecutivos. Los resultados que se obtuvieron se detallan en la tabla 33.

***Tabla 33.*** *Estudio de la repetitividad del método a cuatro concentraciones (n=6).*

| | **Repetitividad** | | **Precisión intermedia** | |
|---|---|---|---|---|
| **Concentración (μg/kg)** | **Concentración (μg/kg)** | **CV (%)** | **Concentración (μg/kg)** | **CV (%)** |
| 1 | 1 | 6,4 | 1 | 6,8 |
| 150 | 144 | 4,8 | 143 | 5,1 |
| 500 | 511 | 5,5 | 501 | 5,8 |
| 1000 | 974 | 6,4 | 965 | 6,1 |

Como se puede observar en la tabla anterior, los coeficientes de variación no superan el 7%..

### IV.6.6. APLICACIÓN DEL MÉTODO

El método propuesto se ha aplicado al análisis de 20 muestras de cera provenientes de las regiones de Andalucía y Murcia, zonas que se caracterizan por el cultivo de frutales y donde se podrían estar empleando formulaciones que contienen imidacloprida. Todas las muestras fueron proporcionadas por el Centro Apícola Regional (CAR) de Marchamalo (Guadalajara) y es importante mencionar que todas las muestras estaban formadas por trozos de panal, por lo que antes de realizar el tratamiento de muestra fue necesario separar cuidadosamente la miel, el polen, la cera y restos de abejas y larvas que contenía cada muestra. Los productos fueron almacenados en tubos de centrifuga aislados de la luz y a 4°C hasta su análisis.

Una vez que se logró separar la cera de la miel y el polen, se aplicó el método puesto a punto y validado Los resultados obtenidos se muestran en la siguiente tabla 35

***Tabla 35.*** *Concentraciones de imidacloprida en muestras de cera.*

| Provincia | Colmena | Concentración (µg/kg) |
|---|---|---|
| Jaén | 1337 | <LOD |
| Córdoba | 1338 | <LOD |
| Málaga | 1642 | <LOD |
| Málaga | 1643 | <LOD |
| Murcia | 1733 | <LOD |
| Murcia | 1735 | **40** |
| Murcia | 1737 | <LOD |
| Sevilla | 1744 | <LOD |
| Murcia | 1753 | <LOD |
| Murcia | 1757 | <LOD |
| Cádiz | 1767 | <LOD |
| Jaén | 1816 | <LOD |
| Jaén | 1818 | <LOD |
| Huelva | 1830 | <LOD |
| Córdoba | 1956 | <LOD |
| Granada | 1961 | <LOD |
| Almería | 1963 | <LOD |
| Almería | 1965 | <LOD |
| Almería | 1967 | <LOD |
| Málaga | 1972 | <LOD |

En la tabla 35, se puede observar que sólo una de las muestras, correspondiente al 5% de las muestras analizadas, presenta residuos de imidacloprida, porcentaje muy bajo, pero que de igual manera nos permite justificar la necesidad de desarrollar y validar un método de análisis para dicho plaguicida en cera de abejas.

## IV.6.7. OBSERVACIONES

- Se ha puesto a punto un método analítico rápido y muy sensible para determinar residuos de imidacloprida en cera, utilizando la cromatografía líquida de alta resolución con detección por espectrometría de masas. El empleo de ESI como interfase del MS proporciona mejores resultados

- La determinación se ha llevado a cabo empleando una columna Kinetex de Phenomenex, $C_{18}$ 2,6µm (150mm x 4,60mm i.d), utilizando como fase móvil en régimen isocrático una mezcla de agua a pH 7 y metanol (50:50 v/v), con un flujo de 0,5 mL/min, con un volumen de inyección de 20 µL y una temperatura de 25°C.

- Para determinar y cuantificar imidacloprida en cera ha sido necesario someter a las muestras a un tratamiento previo que ha consistido en una extracción líquido-líquido en caliente y posterior extracción líquido-líquido en cartuchos de tierras de diatomeas. Se eligió este tipo de sorbente ya que proporcionaba altos porcentajes de recuperación para el analito, generando cromatogramas limpios, sin interferencias y que permitían la inyección de múltiples muestras sin dañar la columna.

- El método para la determinación de imidacloprida ha sido validado, presentando una buena selectividad y límite de detección de 0,5 µg/kg empleando como detector el MS, con un intervalo lineal entre 0,5 y 1000 µg/kg.

- Tras el estudio de las pendientes de las líneas de calibrado y la existencia de un efecto matriz del 35%, se puede concluir que imidacloprida debe ser cuantificada con una línea de calibrado en cera.

- De 20 muestras de cera analizadas provenientes de las regiones de Andalucía y Murcia, una de ellas presentó residuos de imidacloprida con una concentración de 40 µg/kg.

# IV.7. DETERMINACION DE ESPINOSINAS A Y D.

## IV.7.1. INTRODUCCION

El espinosad es un plaguicida de origen natural, generado durante la fermentación de la bacteria *Saccharopolyspora spinosa.*[62] Consiste en una mezcla de dos espinosinas, A y D, que se pueden encontrar en cantidades variables entre un 50-50% y un 95-5% de cada una de ellas.[220] Como se muestra en la figura 39, estructuralmente estos compuestos son iguales, excepto por el sustituyente en la posición R1 que diferencia a las dos macrólidos, los que además contienen un sistema de anillos tetracíclicos con dos azúcares diferentes en su extremo.[64,220]

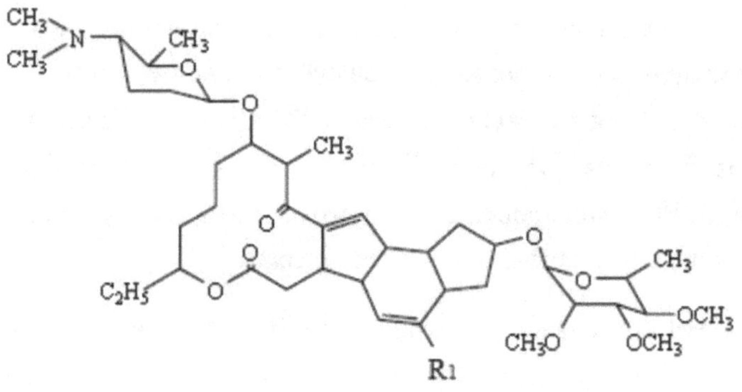


| Compuesto | $R_1$ |
|---|---|
| Espinosina A | H |
| Espinosina D | $CH_3$ |

***Figura 39.*** *Estructura química de las espinosinas A y D.*

Este pesticida presenta un modo de acción único, que sumado a su capacidad insecticida sobre una gran variedad de insectos[63,64] y el hecho que sea un biopesticida,[65-67] hacen que este plaguicida sea uno de los más importantes en la actualidad dentro de los pesticidas naturales.[220]
El compuesto es un sólido cristalino de color blanco con alta solubilidad en diclorometano, acetona y acetonitrilo y baja solubilidad en agua. El método de análisis para el producto comercial (77% de espinosina A y 14% de espinosina D) es la cromatografía líquida empleando como fase estacionaria un relleno $C_8$ y una fase móvil formada por una mezcla de acetonitrilo/metanol/buffer acetato de amonio 2% en relación 2:2:1, con detección por UV a 263 nm.

Con respecto a la metodología para el análisis de sus residuos, existen pocos artículos que determinen de manera exclusiva las espinosinas, trabajos que han centrado su estudio en matrices como frutas y verduras,[221-225] carne, leche y huevos,[226,227] granos,[228] cítricos y sus cultivos,[229] aceite de oliva,[230] suelos y aguas,[231] variedad de alimentos,[232,233] subproductos de algodón,[234] pescados y mariscos[235] pero ninguno en matrices o productos apícolas.

De los trabajos citados, la mayoría utilizan la cromatografía en fase líquida, como técnica de análisis realizándose las separaciones en columnas con fase estacionaria $C_{18}$,[221,223-226,228-231,233,234] , por otro lado tres trabajos emplean la técnica de ensayo inmunoquímico con un kit rápido y especializado en la determinación de pesticidas.[222,227,232]

Con relación a las fases móviles más empleadas, la mayoría de los artículos citados utilizan la misma mezcla de ACN, MeOH y acetato de amonio al 2% en agua o ACN, en distintas proporciones y todos en modo isocrático.[221,226,228,229,231,233,234] Otros dos estudios emplean sólo

MeOH[224,225] y un único artículo utiliza una fase móvil compuesta por ácido fórmico 0,1% y ACN en modo gradiente.[230]

En lo que se refiere a su detección, las técnicas más empleadas son la absorción UV,[221,223,226,227,231,233,234] seguida por UV/DAD,[224,225,229] la espectrometría de MS,[223,228,235], dos estudios que emplean MS/MS[222,230] y tres artículos que utilizan un moderno método de detección específico para pesticidas, más conocido por su acrónimo IA (Immunoassay), que consiste en un kit de pruebas para la detección de espinosinas por interacción con un enzima.[222,227,232]

En cuanto a la etapa de tratamiento de muestra la mayoría de los trabajos ha utilizado la extracción líquido-líquido (LLE)[230-232] cuando se trata de matrices líquidas o extracción sólido-líquido (SLE)[220-229,231-235] para matrices sólidas, también hay un estudio que utiliza la metodología multiresiduo QuEChERS,[222] y otro que usa extracción por reflujo.[228] De todos estos estudios, la mayoría emplea grandes cantidades de muestra, que van desde 5 g,[228,232] 10 g,[220,221,226,229,233,234] 20 g,[223,226,227,229,231] y hasta 50 g,[224,225] con extracciones en las que llama la atención el uso de grandes cantidades de disolventes entre 50 y 100 mL,[221,223,226-229,231-234] o algunos que emplean incluso 900 mL[225] y 1050 mL[224] de disolvente, haciendo que los procesos sean costosos y menos amigables con el medio ambiente. En general se emplean disolventes muy variados, que van desde hexano,[224,226,227,234,235] diclorometano,[224-227,229-234] acetonitrilo,[221-223,226-230,232,233,235] metanol,[224-228,231] acetona[234,235] y agua.[226-229,232,233]

Con relación a las demás etapas del tratamiento, la limpieza normalmente se realiza con extracción en fase sólida (SPE), [221-223,229,231-235] pero también es importante mencionar que la mayoría de los estudios incluyen otras etapas, como partición,[221,223-227,229,231-233,235] agitación en baño de ultrasonidos,[221,223,229,231] y finalmente centrifugación,[221,223,231] haciendo que todo el procedimiento sea demasiado tedioso y largo.

En este contexto y considerando que no existen metodologías analíticas para determinar de manera exclusiva estos analitos en polen o cera de abejas, en este estudio se ha tomado como referencia el tratamiento de muestra de polen corbicular optimizado en el apartado IV.3.4.B.1 de esta investigación.

Como resumen de los antecedentes bibliográficos para la determinación de espinosinas, se puede señalar que:

- No existe bibliografía que relacione estos analitos con las matrices de interés.
- La técnica más empleada es la cromatografía líquida con detección por UV y MS.
- La fase estacionaria de las columnas más empleada es la $C_{18}$.
- Las fases móviles más sugeridas contienen como modificador orgánico metanol y acetonitrilo.

## IV.7.2. MATERIALES Y REACTIVOS

### IV.7.2.1. Reactivos y disolventes

- Patrón de spinosad 91% de pureza (77% A y 14% D) suministrado por Dr. Ehrenstorfer GmbH (Augsburg, Alemania).
- Agua ultrapura purificada por sistema Milli-RO y Milli-Q de Millipore (Bedford, MA, USA).
- Acetonitrilo y Acetato de etilo grado HPLC-UV, y Acetona al 99,8% Pestican suministrados por Labscan Ltd. (Dublín, Irlanda).
- Ácido fórmico 98-100% pureza. P.A. Sigma Aldrich.
- Acetato de etilo grado HPLC y Acetonitrilo grado HPLC-UV, suministrados por Lab - Scan Ltd. (Dublin, Ireland).
- Acetona al 99,8% Pestican, Lab - Scan, Analytical Sciences. (Polonia).
- Etanol (UV, IR, HPLC) y Metanol grado gradiente HPLC suministrado por Panreac Químicas S.A.U. (Barcelona).

### IV.7.2.2. Equipos y materiales adicionales

Los equipos adicionales utilizados en el desarrollo del método fueron los siguientes:

- Balanza analítica de precisión Mettler AE-240. Mettler Instruments G1987 (Suiza).
- Baño de ultrasonidos, Ultrasons. P. Selecta S.A.
- Centrifuga 5810 de Eppendorf (Hamburg, Alemania)
- Filtros de nylon de 0,45µm Cronus.
- Micropipetas
- Rotavapor RE 111 Büchi, baño de agua Büchi 461 y bomba de vacío Vacuubrand GMBH+CO KG (Alemania).

## IV.7.3. CONDICIONES CROMATOGRÁFICAS

Se ha realizado un estudio de los distintos parámetros cromatográficos para encontrar las mejores condiciones que permitan la correcta determinación de spinosad en muestras de cera y polen corbicular. En dicho estudio se procedió a modificar una variable manteniendo el resto de ellas constante. A continuación se describe el proceso de selección de manera detallada para cada una de las variables.

### IV.7.3.1. Condiciones para la detección

En esta etapa del trabajo se ha utilizado el mismo detector de espectrometría de masas (MS) empleado en los métodos anteriores. Considerando que las espinosinas A y D tienen polaridades medias con peso molecular de 731,5 y 745,5 g/mol, respectivamente, se realizó el estudio de las interfases (ESI y APCI) para evaluar cuál de ellas otorga mejores resultados en cuanto a intensidad y calidad de las señales. Los mejores resultados se obtuvieron empleando como fuente de ionización electrospray. Después de seleccionar la interfase, fue necesario estudiar el modo de ionización de ambos macrólidos ya que estos pueden presentar ionización positiva y negativa, para posteriormente seleccionar el modo que proporcione las mejores señales que fue el positivo. Los parámetros relacionados con el detector se optimizaron utilizando un análisis FIA., con el fin de conseguir la máxima sensibilidad y alcanzar mejores límites de detección. Dichas condiciones se optimizaron estudiando los parámetros que afectan la respuesta y que se muestran en la tabla 36.

La optimización se realizó modificando una variable, mientras las restantes se mantenían constantes, en la tabla 36 se pueden observar los intervalos estudiados y los resultados óptimos para cada variable.

***Tabla 36:*** *Resultados obtenidos del análisis por inyección de flujo (FIA) para los parámetros ESI(+)- MS.*

| Parámetros | Intervalo estudiado | Valor óptimo |
|---|---|---|
| Voltaje del fragmentador (V) | 20-380 | 140 |
| Temperatura (°C) del gas secante ($N_2$) | 10-350 | 340 |
| Voltaje del capilar (V) | 2000-5000 | 3000 |
| Presión (psi) del gas del nebulizador ($N_2$) | 10-50 | 40 |
| Flujo (L/min) del gas secante ($N_2$) | 2-12 | 9 |
| Ganancia | 5-20 | 20 |

Una vez obtenidas las óptimas condiciones de detección del MS, se realizó un barrido en modo SCAN para encontrar los iones más abundantes que nos permitirán realizar la cuantificación de espinosina A y D en modo SIM, ya que este modo permite obtener la máxima sensibilidad en el análisis cuantitativo. El barrido se realizó entre 50 y 800 unidades de m/z.

La siguiente figura muestra el espectro de masas correspondiente a los iones mayoritarios de las espinosinas A y D.

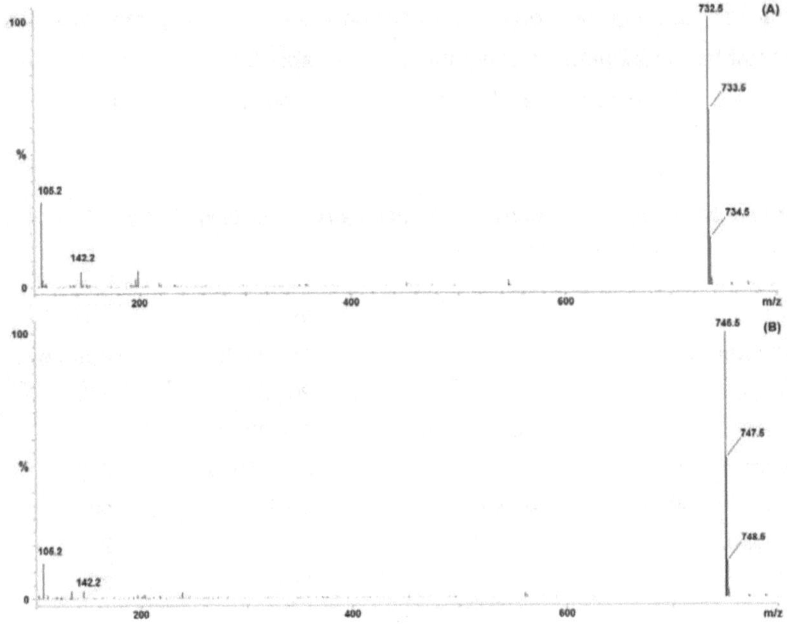


***Figura 40.*** *Espectro de masas obtenido en modo SCAN-ESI de espinosinas A (A) y D (B).*

Como se puede ver en la figura 40, los espectros de masas de espinosinas A y D muestran un ion mayoritario correspondiente a los iones moleculares protonados [M + $H^+$] de cada analito, iones que se utilizarán para la cuantificación de cada compuesto y otros dos iones minoritarios en abundancias que fueron seleccionados para realizar la confirmación de los analitos, según las directrices del documento SANCO.[143] En la tabla 37 se muestran dichos iones.

***Tabla 37.*** *Iones mayoritarios y de confirmación obtenidos por MS-ESI modo positivo del patrón.*

| Compuesto | Masa molecular (g/mol) | Ion de cuantificación (m/z) | Iones de confirmación (m/z) |
|---|---|---|---|
| Espinosina A | 731,5 | 732,5 | 105,2/142,2 |
| Espinosina D | 745,5 | 746,5 | 105,2/142,2 |

### IV.7.3.2. Columna cromatográfica

Como se mencionó en la introducción de este apartado, en la mayoría de las publicaciones se muestra una retención selectiva de las espinosinas cuando son eluidas a través de columnas de fase reversa con rellenos $C_{18}$. En este sentido y debido a los buenos resultados obtenidos, se planteó utilizar la misma columna empleada en los apartados anteriores: Kinetex $C_{18}$ de 150mm x 4,60mm de diámetro interno y tamaño de partícula 2,6 µm.

### IV.7.3.3. Composición de la fase móvil

Para comenzar el estudio de la composición de la fase móvil, se preparó una solución patrón de spinosad a una concentración de 1 mg/kg, posteriormente se realizó una serie de experiencias manteniendo constantes un volumen de inyección de 10µL y un flujo de fase móvil de 0,5mL/min. El objetivo de dicho estudio fue conocer la variación del tiempo de retención de ambos macrólidos, disminuir el solapamiento con interferencias propias de la matriz y conseguir una señal simétrica para su posterior cuantificación.

Considerando los trabajos examinados en la bibliografía, donde se analiza spinosad en distintas matrices, se utilizó como fase móvil inicial, una mezcla constituida por ácido fórmico al 0,1% y acetonitrilo, variando las proporciones iniciales desde 60:40 hasta 30:70 en modo isocrático. En este estudio la proporción 60:40 mostró una sola señal, por lo que fue necesario aumentar el modificador orgánico para separar las señales. Con la proporción 40:60 se logró una buena separación de las señales de ambos macrólidos con tiempos de retención de 7,3 y 8,5 minutos.

En cuanto a las demás mezclas de disolventes estudiadas (50:50 y 30:70), estas no proporcionaron buenos resultados ya que los tiempos de retención eran muy cercanos y a mayores concentraciones las señales se solapaban. Según dichos resultados, se seleccionó como fase móvil una mezcla de ácido fórmico en agua al 0,1% y acetonitrilo en proporción 40:60 (v/v).

Una vez seleccionada la composición de la fase móvil, se realizó el estudio de la influencia que ejercía el flujo de la fase móvil, la temperatura de la columna y el volumen de inyección sobre el tiempo de retención de los analitos y la simetría de las señales para posteriormente seleccionar las condiciones óptimas.

### IV.7.3.4. Flujo de la fase móvil

Se realizó un estudio variando el flujo entre 0,5 y 1,0 mL/min. Los resultados obtenidos se muestran en la tabla 48.

Como se puede ver, y era previsible, hay una clara disminución de los tiempos de retención a medida que aumenta el flujo de la fase móvil, pero para realizar la elección del mejor flujo, además se ha considerado que las señales son más definidas y presentan mayor simetría cuando se utiliza un flujo de 0,5 mL/min. En este sentido y considerando todos los parámetros, el flujo seleccionado fue el de 0,5 mL/min.

***Tabla 38.*** *Influencia del flujo de la fase móvil en los parámetros cromatográficos (n=3).*

| **Compuesto** | **Parámetro cromatográfico** | **Flujo fase móvil (mL/min)** | | | |
|---|---|---|---|---|---|
| | | **0,5** | **0,7** | **0,9** | **1,0** |
| Espinosina A | Tiempo de Retención (min) | 7,31 | 6,58 | 5,94 | 5,27 |
| | Anchura (min) | 0,14 | 0,14 | 0,17 | 0,18 |
| | Simetría | 0,97 | 0,91 | 0,79 | 0,93 |
| Espinosina D | Tiempo de Retención (min) | 8,54 | 7,81 | 7,21 | 6,64 |
| | Anchura (min) | 0,15 | 0,15 | 0,19 | 0,20 |
| | Simetría | 0,98 | 0,93 | 0,87 | 0,87 |

### IV.7.3.5. Temperatura de la columna

Para estudiar la influencia de la temperatura de la columna se realizaron ensayos variando dicho parámetro entre 25 y 45°C, en intervalos de 5°C. Los resultados obtenidos se muestran en la tabla 39, donde se puede apreciar que el aumento de la temperatura no tiene en este caso una influencia significativa sobre los tiempos de retención; los dos parámetros cromatográficos estudiados, que tienen relación con la calidad de la señal tampoco difieren de manera importante con el aumento de la temperatura, razón por la cual se optó por una temperatura de trabajo de 25°C.

***Tabla 39.*** *Influencia de la temperatura en los parámetros cromatográficos (n=3).*

| [illegible] | Parámetro cromatográfico | Temperatura (°C) | | | | |
|---|---|---|---|---|---|---|
| | | 25 | 30 | 35 | 40 | 45 |
| Espinosina A | Tiempo de Retención (min) | 7,38 | 7,37 | 7,49 | 7,47 | 7,32 |
| | Anchura (min) | 0,18 | 0,18 | 0,20 | 0,20 | 0,18 |
| | Simetría | 0,94 | 0,96 | 0,95 | 0,94 | 0,95 |
| Espinosina D | Tiempo de Retención (min) | 8,50 | 8,49 | 8,54 | 8,54 | 8,47 |
| | Anchura (min) | 0,20 | 0,20 | 0,20 | 0,20 | 0,19 |
| | Simetría | 0,95 | 0,94 | 0,94 | 0,96 | 0,95 |

### IV.7.3.6. Volumen de inyección

El último parámetro a estudiar fue el volumen de inyección de muestra, variable que debe ser considerada a la hora de analizar residuos de pesticidas a nivel de trazas. Así, se ensayaron distintos volúmenes de inyección entre 5 y 20 μL, con intervalos de 5 μL.

Es importante mencionar que, a pesar de que la muestra es sometida a un tratamiento de limpieza antes de ser inyectada en el equipo, se evitó la inyección de volúmenes muy altos ya que mayores cantidades de polen y cera introducida reducen notablemente la vida útil de la columna y provocan una mayor acumulación de impurezas en la interfase después de varias inyecciones consecutivas, por esta razón los volúmenes ensayados no superaron los 20 µL. Los resultados obtenidos de este estudio se muestran en la tabla 40.

***Tabla 40.*** *Influencia del volumen de inyección en los parámetros cromatográficos (n=3).*

| **Compuesto** | **Parámetro cromatográfico** | **Volumen de inyección (µL)** | | | |
|---|---|---|---|---|---|
| | | **5** | **10** | **15** | **20** |
| Espinosina A | Tiempo de retención (min) | 7,25 | 7,16 | 7,20 | 7,35 |
| | Anchura (min) | 0,22 | 0,20 | 0,20 | 0,20 |
| | Simetría | 0,73 | 0,84 | 0,88 | 0,95 |
| | Señal/ruido | 59,4 | 58,9 | 79,8 | 93,5 |
| Espinosina D | Tiempo de retención (min) | 8,37 | 8,38 | 8,41 | 8,45 |
| | Anchura (min) | 0,24 | 0,22 | 0,23 | 0,22 |
| | Simetría | 0,83 | 0,84 | 0,87 | 0,93 |
| | Señal/ruido | 66,1 | 82,6 | 111,5 | 131,7 |

Al analizar los resultados de la tabla 40 se observa que la relación señal/ruido para los analitos es mayor cuando se inyectan 20 µL. En cuanto a los dos parámetros relacionados también con la señal, anchura y simetría, estos son levemente mejores para el mismo volumen y en lo que se refiere a los tiempos de retención, no se observan diferencias significativas. En este sentido, el volumen de inyección seleccionado es de 20 µL.

Como resultado de los estudios realizados se propone para la determinación de espinosinas, una fase móvil constituida por ácido fórmico en agua al 0,1% y acetonitrilo (40:60 v/v), en régimen isocrático, con un flujo de 0,5 mL/min a una temperatura de 25°C e inyección de 20 µL, empleando la columna Kinetex C18 para llevar a cabo la separación y la detección mediante MS empleando como analizador un cuadrupolo y como fuente de ionización ESI(+). La cuantificación se realizará a través de ión mayoritario M+1 en todo SIM.

En la figura 41 se muestra un cromatograma, de una disolución de spinosad de 40 µg/L obtenido con las condiciones cromatográficas descritas anteriormente.

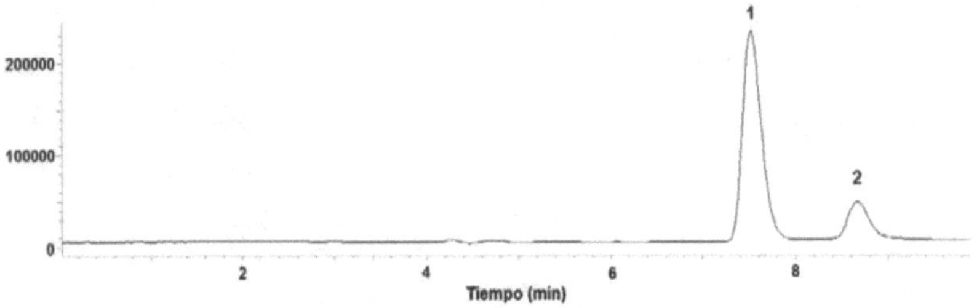


***Figura 41**. Cromatograma LC-ESI-MS de una disolución de spinosad de 40 µg/L, cuyas señales corresponden a espinosina A (1) y espinosina D (2).*

## IV.7.4. DETERMINACIÓN DE ESPINOSAD EN CERA

### IV.7.4.1. Tratamiento de muestra

En esta etapa, se hace necesario desarrollar un procedimiento que permita tratar la muestra para extraer la máxima cantidad de espinosinas A y D de manera selectiva y conseguir mejores límites de detección.

Para la puesta a punto del tratamiento de muestra se trabajó con cera en la que se comprobó la ausencia de los insecticidas objeto de estudio. El siguiente paso fue adicionar los analitos a la cera de tal manera que se lograra una mezcla homogénea. Considerando la fotosensibilidad del espinosad, una vez consultada la bibliografía, en esta etapa se evaluó desarrollar un tratamiento de muestra que permitiera mantener la cera protegida de la luz durante todo el procedimiento de extracción, condiciones difíciles de mantener con el tratamiento de muestra de cera validado en el apartado de los neonicotinoides ya que los analitos son menos fotosensibles que las espinosinas. Por ello se intentó realizar un tratamiento de muestra similar al del polen corbicular, para lo cual fue necesario enfriar y cortar la cera en láminas finas, que luego se mantuvieron en el congelador durante un día, posteriormente las láminas fueron molidas, generando granos finamente divididos, de tamaño similar al del polen molido. A continuación se pesó 1g de cera molida y a la cual se adicionó el analito en una disolución en acetona, homogenizando con una varilla de vidrio y favoreciendo la evaporación del disolvente durante 3 minutos.

Una vez obtenida la muestra con una concentración conocida de los analitos, y a diferencia del estudio realizado para los neonicotinoides en cera donde se realizaron estudios de disolución de la cera, en este caso se realizaron estudios de extracción sólido-liquido empleando 1g de cera.

Previamente se obtuvieron blancos de cera empleando distintos disolventes, en los que spinosad presenta mayor solubilidad, como metanol, acetona, acetato de etilo, acetonitrilo, agua y etanol, blancos que se inyectaron según las condiciones cromatográficas optimizadas para examinar las posibles interferencias de estos coextractos con las señales de los analitos. Se seleccionaron sólo dos disolventes, metanol y acetonitrilo, para realizar las pruebas de extracción, ya que el resto presentó cromatogramas con señales a los mismos tiempos de retención de los analitos.

Una vez seleccionados los dos mejores disolventes, se realizaron las extracciones sobre cera con patrones adicionados. Los resultados de porcentajes de recuperación se muestran en la tabla 41.

***Tabla 41.*** *Recuperaciones obtenidas después de extraer 1 g de cera, adicionada con spinosad a 500 μg/kg, con 10 mL de diferentes disolventes (n=3).*

| Compuesto | Acetonitrilo | Metanol |
|---|---|---|
| Espinosina A | 91 | 89 |
| Espinosina D | 90 | 78 |

Se puede observar que los mejores resultados se obtuvieron para la extracción con acetonitrilo, ya que los porcentajes para la especie D con este disolvente eran del orden 10% superior que cuando se empleó metanol.

Una vez seleccionado el disolvente de extracción, se realizó el estudio del tiempo de agitación. En la tabla 42 se muestran los datos obtenidos para los tres tiempos ensayados.

***Tabla 42.*** *Recuperaciones obtenidas después de extraer 1 g de cera con spinosad a 500 µg/kg a tres tiempos diferentes (n=3).*

| **Compuesto** | **Tiempo (min)** | | |
|---|---|---|---|
| | **5** | **10** | **15** |
| Espinosina A | 84 | 93 | 94 |
| Espinosina D | 82 | 94 | 94 |

La tabla 42 muestra que los porcentajes de recuperación son muy buenos para ambos analitos a 10 y 15 minutos de agitación, sin diferencias importantes entre ambos tiempos, razón por la que se seleccionan 10 minutos ya que 15 minutos hacen que el tratamiento de muestra sea más largo.

El siguiente parámetro que se estudió fue el volumen de extractante necesario para la obtención de la totalidad de los analitos con el mínimo gasto de disolvente. En la tabla 43 se muestran los porcentajes de recuperación obtenidos de estos ensayos.

**Tabla 43.** *Recuperaciones obtenidas después de extraer 1 g de cera con spinosad a 500 µg/kg con tres volúmenes de acetonitrilo(n=3).*

| **Compuesto** | **Volumen (mL)** | | |
|---|---|---|---|
| | **10** | **15** | **20** |
| Espinosina A | 91 | 95 | 92 |
| Espinosina D | 90 | 97 | 93 |

Según los resultados que se observan en la tabla 43 el aumento de volumen de extractante no necesariamente aumenta las recuperaciones de los analitos, por lo que el volumen de acetonitrilo seleccionado fue de 15 mL ya que proporcionaba los porcentajes de recuperación más altos con el mínimo gasto de disolvente.

Después de la extracción fue necesario separar ambas fases, por lo que se pensó en centrifugar la mezcla y así favorecer la separación. De esta manera de ensayaron tres tiempos de centrifugación a 9000 rpm. De los resultados de este estudio se desprende que las recuperaciones no aumentan de manera importante cuando la mezcla es centrifugada durante 15 minutos por lo que el tiempo seleccionado fue de 10 minutos. Una vez realizada la centrifugación, se separó el sobrenadante utilizando un embudo de filtración por gravedad y papel gravimétrico de poro constante. Esta etapa fue necesaria ya que restos de cera finamente triturada pasaban al balón dificultando su posterior evaporación.

Finalmente y con la idea de obtener límites de detección y cuantificación más bajos, el último parámetro a optimizar fue la masa de cera a extraer, aumentando la cantidad que hasta ahora se había ensayado de 1g. De esta manera además se estudió la extracción de 1,5 y 2 g de cera. Se comprobó que al aumentar la masa de cera a extraer los porcentajes de recuperación de ambas especies no sufrían ninguna modificación. En cuanto a los cromatogramas obtenidos no existía ningún aumento en ruido de fondo al aumentar la masa de cera. Debido a esto se seleccionó 2g para obtener los límites de detección y cuantificación más bajos.

De esta manera y habiendo optimizado todos los parámetros antes mencionados, el extracto resultante fue transferido a un balón de fondo redondo de 25 mL para ser evaporado a sequedad a 40°C en rotavapor. A continuación el residuo fue reconstituido en 1 mL de agua/acetonitrilo

(50:50 v/v), y pasado a través de un filtro de jeringa de 0,45 µm, para finalmente inyectar una alícuota de 20 µL en el equipo de LC-ESI-MS con las condiciones mencionadas en el apartado anterior, obteniéndose porcentajes de recuperación para ambas espinosidas superiores al 95%.

Una vez establecido el método final de cuantificación de espinosidas en ceras que consistió en laminar y congelar 2 g de cera y a continuación sometarla a una extracción sólido-liquido empleando como extractante 15 mL de acetonitrilo con agitación durante 10 minutos. A continuación una etapa de centrifugación durante 10 minutos a 9000 rpm para separar ambas fases. El extracto obtenido es evaporado a 40ºC y reconsituido en 1 mL de agua/acetontirilo 50/50 (v/v). Se procedió a validar el método de análisis en los mismos términos que los apartados anteriores de este trabajo.

### IV.7.4.2. Validación del método

#### *IV.7.4.2.1. Selectividad*

Para la evaluación de la selectividad del método propuesto se compararon los cromatogramas de extractos de cera que no contenían spinosad con extractos de cera a los que se había añadido spinosad. Como se observa en la figura 42 no hay solapamientos con ningún componente de la matriz al tiempo que eluyen los analitos de interés.

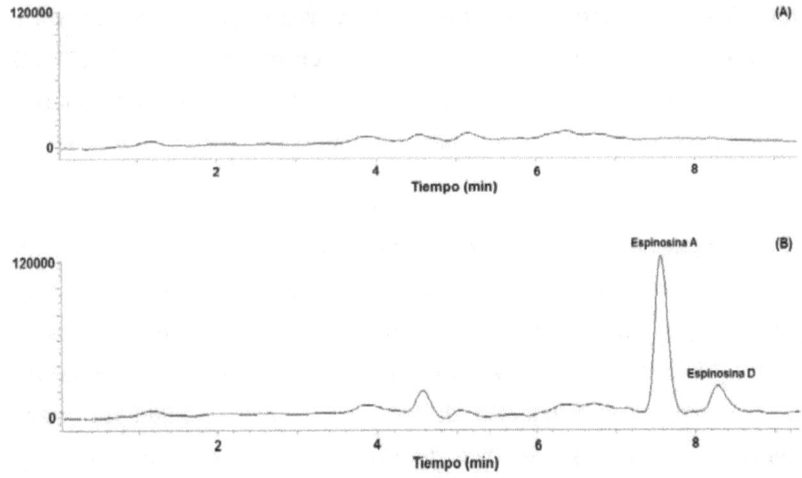


***Figura 42.*** *Cromatogramas LC-ESI-MS (SIM) de cera tratada (A) y cera tratada que contiene spinosad a concentración 50 µg/kg (B).*

### *IV.7.4.2.2. Límite de detección y cuantificación*

Se inyectaron una serie de extractos de cera, libre de spinosad, denominados extractos blancos, a los cuales se les midió el valor del ruido de la respuesta analítica al tiempo que eluye cada una de las espinosinas, a continuación se inyectaron extractos de cera con los analitos adicionados y realizando diluciones sucesivas hasta obtener la mínima señal detectable.

Una vez obtenido el ruido y las señales, se calcularon los límites de detección (LOD) y cuantificación (LOQ), correspondientes a 3 y 10 veces la relación señal/ruido, respectivamente.

Los valores de LOD y LOQ obtenidos fueron 0,21 y 0,71 µg/kg para espinosina A y 0,11 y 0,36 µg/kg para espinosina D, respectivamente.

*IV.7.4.2.3. Linealidad y efecto matriz*

Para realizar el estudio de la linealidad se preparó una línea de calibrado de extractos de ceras a las cuales se les adicionó una disolución patrón de espinosinas en disolución, en un intervalo de concentración entre el LOQ y 500 µg/kg. Llevándose a cabo una cuantificación por el método del patrón externo y un ajuste por mínimos cuadrados. Los resultados obtenidos para la ecuación de la recta se pueden observar en la tabla 44.

***Tabla 44.*** *Parámetros de la línea de calibrado para un intervalo analítico comprendido entre LOQ y 500 µg/kg (n=3)*

| **Compuesto** | **Calibrado** | **a ($10^3$)** | **$S_a$ ($10^3$)** | **b ($10^3$)** | **$S_b$ ($10^3$)** | **$R^2$** | **$S_{y/x}$ ($10^3$)** |
|---|---|---|---|---|---|---|---|
| Espinosina A | Patrón | 212,1 | 126,8 | 98,8 | 1,48 | 0,996 | 346,5 |
| | Cera | 415,6 | **88,8** | 75,8 | 1,03 | 0,997 | 242,5 |
| Espinosina D | Patrón | 26,3 | **25,4** | 107,3 | 1,63 | 0,996 | 69,4 |
| | Cera | 79,3 | **20,1** | 88,7 | 1,28 | 0,997 | 54,8 |

Para verificar la tendencia lineal de la regresión se realizó la prueba t. Cumpliéndose que la $t_{exp} > t_{tab}$, por lo tanto se acepta que el método es lineal. En cuanto al valor del coeficiente de determinación ($r^2$), se puede observar el buen ajuste del calibrado a los datos experimentales, ya que en ambos casos su valor es igual o superior a 0,996.

Para verificar el efecto matriz, se realizó la comparación de la pendiente de la línea de calibrado de spinosad en disolución y la pendiente de la línea de calibrado de extractos de ceras a las cuales se les adicionó el spinosad después del tratamiento. De esta manera se pudo evaluar un efecto matriz promedio ~20%, por lo que la cuantificación de las espinosinas debe ser realizada sobre un calibrado en ceras.

*IV.7.4.2.4. Precisión y Exactitud.*

La precisión del método se estableció en términos de repetitividad y precisión intermedia. Para realizar ambos estudios, se procedió a inyectar por triplicado tres muestras de cera a las cuales se adicionó spinosad a tres niveles de concentración y que fueron sometidas al tratamiento de muestra seleccionado. En el caso de la evaluación de repetitividad, las inyecciones se realizaron el mismo día, mientras que para el estudio de la precisión intermedia, dichas inyecciones fueron realizadas en tres días consecutivos.

La exactitud se evaluó mediante el % de recuperación, calculado para tres muestras las cuales fueron sometidas a todo el proceso de forma individual. El estudio se realizó para tres niveles de concentración. Los resultados que se obtuvieron se detallan en la tabla 45.

***Tabla 45.*** *Estudios de precisión y exactitud del método a tres niveles de concentración (n=3).*

| Compuesto | Concentración espinosina (µg/kg) | Estudios de Precisión | | | | Estudios de Exactitud | | |
|---|---|---|---|---|---|---|---|---|
| | | Repetitividad | | Precisión intermedia | | | | |
| | | Concentración (µg/kg) | CV (%) | Concentración (µg/kg) | CV (%) | Concentración (µg/kg) | Recuperación (%) | CV (%) |
| Espinosina A | 1,5 | 1,3 | 1,9 | 1,3 | 4,3 | 1,4 | 93 | 2,2 |
| | 150 | 140,9 | 2,5 | 145,8 | 3,3 | 142,5 | 95 | 2,8 |
| | 400 | 379,8 | 1,0 | 387,2 | 3,2 | 384,2 | 96 | 1,1 |
| Espinosina D | 1,0 | 0,97 | 2,9 | 0,98 | 4,1 | 0,98 | 98 | 2,9 |
| | 150 | 147,7 | 1,5 | 151,5 | 3,7 | 149,8 | 100 | 1,7 |
| | 400 | 404,6 | 1,2 | 409,3 | 2,8 | 407 | 102 | 1,3 |

Como se puede observar en la tabla anterior, los coeficientes de variación no superan el 5% en el estudio de la precisión, valores que se consideran adecuados cuando se analizan trazas. En el estudio de la exactitud se obtuvieron errores inferiores al 7% a la hora de cuantificar tanto espinosina A como D en muestras de cera. Por lo que se puede afirmar que el método puesto a punto es precioso y exacto

### IV.7.4.3. Aplicación del método

El método propuesto se ha aplicado al análisis de 20 muestras de ceras provenientes de distintos apiarios cercanos a zonas agrícolas con árboles frutales de la región de Murcia, donde se ha detectado pérdida de individuos y esta podría ser una de las causas, se desconoce si allí se había efectuado tratamiento con spinosad.

Las muestras de cera fueron sometidas al tratamiento descrito y posteriormente analizadas por LC-ESI (+)-MS. Los resultados obtenidos indicaron que ninguna de las muestras analizadas presentó residuos de espinosinas ni A ni D en concentraciones iguales o superiores a los LODs del método propuesto.

## IV.7.5. DETERMINACIÓN DE ESPINOSAD EN POLEN

### IV.7.5.1. Tratamiento de muestra

Para desarrollar este procedimiento se trabajó con polen que fue analizado para verificar la ausencia de los espinosinas A y D. Una vez comprobado esto se aplicaron etapas de secado y molienda para favorecer el dopaje y posterior extracción de los analitos.

El siguiente paso fue adicionar los analitos al polen de tal manera que se lograra una mezcla homogénea. Para ello se preparó una disolución de spinosad en acetona, disolvente seleccionado por su fácil evaporación a la hora de adicionar patrones a las muestras, a continuación se homogeneizó con una varilla de vidrio y se favoreció la evaporación del disolvente durante 3 minutos aproximadamente. Procedimiento realizado en ausencia de luz para evitar la foto descomposición de los compuestos.

Una vez obtenida la concentración necesaria del analito en la muestra de polen, se realizaron estudios de extracción con distintos disolventes. Se fijó una masa de 1 g de polen y se variaron los disolventes de extracción, donde spinosad presenta mayor solubilidad, tales como acetona, acetato de etilo, acetonitrilo y metanol. En una primera etapa, se inyectaron los blancos de cada disolvente según las condiciones cromatográficas optimizadas para examinar las posibles interferencias de estos coextractos sobre el polen con las señales de los analitos. Así se comprobó la ausencia de interferencias a los tiempos de elución de los analitos y se realizaron las extracciones sobre polen con patrones adicionados. Debido a lo cual se realizaron a las pruebas de extracción con los cuatro disolventes mencionados.

Los resultados de los porcentajes de recuperación para cada uno de ellos se muestran en la tabla 47.

***Tabla 47.*** *Recuperaciones obtenidas después de extraer 1 g de polen, con spinosad a 100 µg/kg,con 10 mL de diferentes disolventes (n=3).*

| **Compuesto** | **Acetona** | **Acetato de etilo** | **Acetonitrilo** | **Metanol** |
|---|---|---|---|---|
| Espinosina A | 96 | 66 | 58 | 18 |
| Espinosina D | 97 | 58 | 54 | 25 |

En la tabla 47 se puede observar que los mejores resultados se obtuvieron empleando como extractante acetona, obteniéndose recuperaciones superiores al 95%, por lo que dicho disolvente fue seleccionado para llevar a cabo la extracción solido -liquido.

Una vez seleccionado el disolvente de extracción, se realizó el estudio del tiempo de agitación. Se ensayaron tres tiempos de entre 5 y 15 minutos A partir de los resultados obtenidos se puede concluir que a partir de 10 minutos no se observa un aumento de las recuperaciones, por lo que se ha seleccionado un tiempo de agitación en Vibromatic de 10 minutos, ya que con este tiempo se consiguen buenas recuperaciones en el menor tiempo posible.

El siguiente parámetro que se estudió fue el volumen de acetona que permitiera obtener las mejores recuperaciones para los dos analitos. En la tabla 48 se muestran los resultados obtenidos de estos ensayos.

**Tabla 48.** *Recuperaciones obtenidas después de extraer 1 g de polen con spinosad a 100 µg/kg con tres volúmenes de acetona(n=3).*

| Compuesto | Volumen (mL) | | |
|---|---|---|---|
| | **10** | **15** | **20** |
| Espinosina A | 91 | 95 | 95 |
| Espinosina D | 90 | 97 | 96 |

Según los resultados que se indican en la tabla 48, el aumento de volúmenes de extractante no necesariamente aumentan las recuperaciones de los analitos, por lo que el volumen de acetona seleccionado fue de 15 mL ya que proporcionaba los porcentajes de recuperación más altos usando un mínimo de disolvente.

Después de la extracción fue necesario separar ambas fases, por lo que se pensó en centrifugar la mezcla y así favorecer la separación. De esta manera de ensayaron tres tiempos de centrifugación a 9000 rpm. Los resultados condujeron a seleccionar un tiempo de centrifugación de 10 minutos.

Una vez seleccionado el tiempo de centrifugación, se separó el sobrenadante utilizando un embudo de filtración por gravedad y papel. Esta etapa fue necesaria ya que restos de polen finamente triturado pasaban al balón dificultando su posterior evaporación.

Finalmente y con la idea de obtener límites de detección y cuantificación más bajos, el último parámetro a optimizar fue la masa de polen a extraer, aumentando la cantidad que hasta ahora se había ensayado de 1g. Se realizaron pruebas con 1,5 y 2 g de dicho producto. Los resultados condujeron a seleccionar una masa de 2g con el fin de conseguir los menores límites al igual que ocurría en el caso de las ceras.

De los estudios realizados se deduce que los mejores resultados para la determinación de los compuestos de interés en muestras de polen se consiguieron extrayendo por 10 minutos con 15 mL de acetona y centrifugando por 10 minutos. A continuación el extracto resultante fue transferido a un balón de fondo redondo de 25 mL para ser evaporado a sequedad a 40°C y redisolverlo en 1 mL de agua/acetonitrilo (50:50 v/v), y pasado a través de un filtro de jeringa de 0,45 µm, para finalmente inyectar una alícuota de 20 µL en el equipo de LC-ESI-MS con las condiciones mencionadas en el apartado anterior.

### IV.7.5.1. Validación del método

La validación del método se realizó siguiendo las mismas directrices empleadas en la validación del método para cera de abejas.

*IV.7.5.2.1 Selectividad*

Para la evaluación de la selectividad del método propuesto se compararon los cromatogramas de extractos de polen que no contenían spinosad con extractos de polen a los que se le había añadido spinosad. Como se observa en la figura 42 no hay coelución con ningún componente de la matriz y tampoco hay interferentes al tiempo que eluyen los dos analitos.

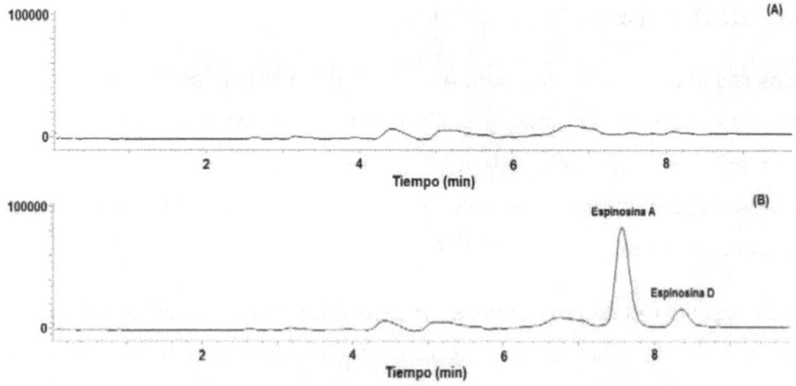


***Figura 42.*** *Cromatogramas LC-ESI-MS (SIM) de polen tratado (A) y polen que contiene spinosad a concentración 10 µg/kg (B).*

### *IV.7.5.2.2. Límite de detección y cuantificación*

En una primera etapa, se inyectó una serie de extractos de polen libre de spinosad, denominados extractos blancos, a los cuales se les midió el valor del ruido de la respuesta analítica al tiempo que eluye el spinosad A y D, luego en una segunda etapa, se inyectaron extractos de polen con los analitos adicionados previamente y realizando diluciones sucesivas hasta obtener una señal.

Una vez obtenido el ruido y las señales, se calcularon los límites de detección (LOD) y cuantificación (LOQ), correspondientes a 3 y 10 veces la relación señal/ruido, respectivamente.

Los valores de LOD y LOQ calculados para el método propuesto fueron 0,3 y 0,9 µg/kg para espinosina A y 0,8 y 2,7 µg/kg para espinosina D, respectivamente.

### *IV.7.5.2.3. Linealidad y efecto matriz*

Los resultados obtenidos para el estudio de la linealidas y efecto matriz se muestran en la tabla 49. En cuanto al valor del coeficiente de determinación ($r^2$), se puede deducir el buen ajuste del calibrado a los datos experimentales, ya que en ambos casos su valor es igual o superior a 0,994.

Para verificar el efecto matriz, se realizó la comparación de la pendiente de la línea de calibrado de spinosad en disolución y la pendiente de la línea de calibrado de pólenes a los cuales se les adicionó el spinosad después del tratamiento. De esta manera se pudo evaluar un efecto matriz promedio ~23%, por lo que la cuantificación de spinosad debe ser realizada sobre un calibrado en polen.

***Tabla 49.*** *Parámetros de la línea de calibrado para un intervalo analítico comprendido entre el LOQ y 500 µg/kg (n=3)*

| **Compuesto** | **Calibrado** | **a ($10^3$)** | **$S_a$ ($10^3$)** | **b ($10^3$)** | **$S_b$ ($10^3$)** | **$R^2$** | **$S_{y/x}$ ($10^3$)** |
|---|---|---|---|---|---|---|---|
| Espinosina A | Patrón | 76,0 | 77,6 | 102,3 | 0,90 | 0,999 | 212,0 |
| | Polen | -10,5 | 39,5 | 75,4 | 0,46 | 0,994 | 108,0 |
| Espinosina D | Patrón | -121,8 | 48,0 | 122,4 | 1,87 | 0,996 | 154,9 |
| | Polen | -68,1 | 20,9 | 97,8 | 0,81 | 0,999 | 67,5 |

### *IV.7.5.2.4. Precisión y exactitud*

La precisión del método se estableció en términos de repetitividad y precisión intermedia. Para realizar ambos estudios, se procedió a inyectar por triplicado tres muestras de polen a las cuales se adicionó spinosad a tres niveles de concentración y que fueron sometidas al tratamiento de muestra seleccionado. En el caso de la evaluación de repetitividad, las inyecciones se realizaron el mismo día, mientras que para el estudio de la precisión intermedia, dichas inyecciones fueron realizadas en tres días consecutivos. Los resultados que se obtuvieron se detallan en la tabla 65.

***Tabla 65.*** *Estudios de precisión y exactitud del método a tres niveles de concentración (n=3).*

| **Compuesto** | **Concentración espinosina (µg/kg)** | **Estudios de Precisión** | | | | **Estudios de exactitud** | | |
|---|---|---|---|---|---|---|---|---|
| | | **Repetitividad** | | **Precisión intermedia** | | | | |
| | | **Concentración (µg/kg)** | **CV (%)** | **Concentración (µg/kg)** | **CV (%)** | **Concentración (µg/kg)** | **Recuperación (%)** | **CV (%)** |
| Espinosina **A** | **1,5** | 1,3 | 2,1 | 1,4 | 4,6 | 1,3 | 90 | **4,4** |
| | **150** | 141,5 | 1,1 | 143,6 | 3,8 | 137,9 | 92 | **1,6** |
| | 400 | 375,4 | 2,0 | 381 | 2,4 | 372,4 | 93 | **2,1** |
| Espinosina **D** | **1,0** | 0,97 | 2,1 | 1,2 | 3,2 | 0,98 | 99 | **3,3** |
| | 150 | 151,5 | 2,1 | 153,6 | 2,8 | 154,6 | 103 | **2,4** |
| | 400 | 409,5 | 3,8 | 412,8 | 4,8 | 415,3 | 104 | **2,0** |

Como se puede observar en la tabla anterior, los coeficientes de variación no superan el 8%, valores que se ajustan a la precisión cuando se analizan trazas, según lo establecido por la Comisión Europea en su documento SANCO/825/00.[143]

### IV.7.5.3. Aplicación del método

El método propuesto se ha aplicado al análisis de 20 muestras de polen provenientes de los mismos apiarios de los cuales se analizaron las ceras del apartado IV.4.4.A.

Las 20 muestras de polen fueron sometidas al tratamiento de muestra descrito en el apartado IV.4.4.B.1. y posteriormente analizadas por LC-MS empleando la metodología analítica puesta a punto en el apartado IV.4.3.7. Los resultados obtenidos mostraron que, al igual que las ceras, ninguna de las muestras de polen presentó residuos de espinosinas en concentraciones iguales o superiores a los LODs del método propuesto, tal como era previsible, ya que ambas matrices provienen de los mismos apiarios.

## IV.7.5.3. OBSERVACIONES

- Se ha puesto a punto un método analítico rápido y muy sensible para determinar residuos de espinosad en matrices apicolas, utilizando LC-ESI-MS.

- La determinación se ha llevado a cabo empleando una columna Kinetex de Phenomenex, $C_{18}$ 2,6µm (150mm x 4,60mm i.d), utilizando como fase móvil en régimen isocrático una mezcla de ácido fórmico 0,1% en agua y metanol (40:60 v/v), con un flujo de 0,5 mL/min, con un volumen de inyección de 20 µL y una temperatura de 25°C.

- La detección se llevó a cabo mediante espectrofotmetria de masas utilizando como analizador un cuadrupolo. El empleo de ESI como interfase del MS proporciona mejores resultados para la determinación de espinosad, en comparación de APCI. La cuantificación de los analitos se realizó en modo SIM a través del M+1.

- Para determinar y cuantificar espinosad en cera ha sido necesario someter a las muestras a un tratamiento previo que ha consistido en una extracción sólido-líquido, previa congelación de láminas de cera. Se eligió como extractante 15 mL de acetonitrilo, que fueron concentrados hasta 1 mL en rotavapor, lo que generaba cromatogramas limpios, sin interferencias y que permitían la inyección de múltiples muestras sin dañar la columna.

- Para determinar y cuantificar espinosad en polen se ha puesto a punto un método sencillo de extracción sólido-líquido, posterior centrifugación, evaporación y filtrado. Se eligió como extractante 10 mL de acetona, lo que generaba cromatogramas limpios, sin interferencias y con buenos porcentajes de recuperación de los analitos de la matriz.

- El método para la determinación de espinosinas A y D en ambas matrices apícolas es preciso y exacto, presentando una buena selectividad y con buenos límite de detección y cuantificación para la determinación de residuos a nivel de trazas.

- Tras el estudio de las pendientes de las líneas de calibrado se comprobó la existencia de un efecto matriz promedio del 20%, lo cual implica que para una correcta cuantificación la línea de calibrado se debe realizar en cada una de las matrices.

- Se aplicó el método puesto a punto a muestras de cera y polen provenientes de distintos apiarios cercanos a zonas agrícolas con árboles frutales de la región de Murcia no encontrándose en ninguna de ellas residuos de espinosad por encima del límite de cuantificación establecido.

# V. CONCLUSIONES

## NEONICOTINOIDES

- Se ha puesto a punto un método analítico, empleando la cromatografía líquida de alta eficacia utilizando una columna fused-core acoplada a espectrofotometría de masas, que permite la determinación de residuos de neonicotinoides en cera y polen apícola. El método ha sido validado en los diferentes casos y presenta como características más importantes una excelente selectividad y un buen límite de detección para determinar residuos a nivel de trazas.

- De los distintos procedimientos ensayados para la recuperación de los neonicotinoides de las ceras se propone una extracción líquido-líquido en caliente y posterior concentración limpieza empleando tierras de diatomeas que retienen las impurezas de cera, generando extractos más limpios y más fáciles de concentrar.

- La persistencia de neonicotinoides en cera de abejas es muy variable, donde nitenpyram es el menos persistente disipando completamente entre 15 y 30 días, mientras que el resto de compuestos presenta persistencias entre un 27 y 75% a los 120 días.

- Se han examinado los diferentes procedimientos de limpieza de cera de abejas utilizados habitualmente con el fin de comprobar su eficacia en la eliminación de residuos de neonicotinoides. Se ha podido constatar que el empleo de ácido oxálico a 60ºC y agitación, permite la eliminación completa de residuos de neonicotinoides, además de proporcionar ceras más blancas.

- El tratamiento de muestra para la determinación de los analitos en polen implica un sencillo procedimiento sólido-líquido con el que se ha evaluado la persistencia de los siete neonicotinoides en polen corbicular y pan de abeja.

- Se ha podido constatar que en el pan de abeja, examinando la evolución en función del tiempo, los residuos encontrados son menores que para el polen corbicular, siendo el nitenpyram el compuesto que más rápidamente desaparece.

- Se ha aplicado el método analítico a la determinación de residuos en muestras de ceras y polen procedentes de apiarios cercanos a zonas con frutales. Encontrándose residuos en algunas de las muestras de cera no así en el caso de los pólenes.

**IMIDACLOPRIDA**

- A partir de método multiresiduo se ha desarrollado uno nuevo para determinar imidacloprida en cera de abejas en un menor tiempo y con mejores límites de cuantificación.

- El método que implica un tratamiento de muestra con extracción en caliente y limpieza empleando tierras de diatomeas ha sido validado. Y aplicado al análisis de muestras procedentes de colmenas

**ESPINOSAD**

- Se propone un método rápido y sensible para determinar residuos de espinosad en cera y polen de abejas basado en el empleo de cromatografía líquida con detección de espectrometría de masas

- Para determinar y cuantificar espinosad en cera ha sido necesario someter a las muestras a un tratamiento previo que ha consistido en una extracción sólido-líquido previa congelación de cera con acetonitrilo, posterior centrifugación, evaporación y filtrado.

- El método para la determinación de espinosinas A y D ha sido validado, presentando una buena selectividad y límite de detección de 0,21 y 0,11 µg/kg respectivamente, empleando como detector el MS, con un intervalo lineal entre LOQ y 500 µg/kg. Espinosad debe ser cuantificado con una línea de calibrado en matriz.

- Al igual que en caso de las cera el tratamiento de muestra de polen para cuantificar residuos de espinosad en polen ha consistido en una extracción sólido-líquido con acetona, posterior centrifugación, evaporación y filtrado.

- El método para la determinación de espinosinas A y D ha sido validado, presentando una buena selectividad así como límites de detección y cuantificación aceptables para También en este caso el espinosad debe ser cuantificado con una línea de calibrado en matriz.

- En ninguna de las muestras analizadas se han encontrado cantidades de ambas espinosinas superiores a los respectivos límites de detección

# VI. BIBLIOGRAFÍA

[1] Tratado internacional sobre los recursos fitogenéticos para la alimentación y la agricultura. Tema 13. Los polinizadores: su biodiversidad poco apreciada, pero importante para la alimentación y la agricultura. FAO, Túnez (2009).

[2] J.B. Free. Insect pollination of crops. Academic Press, London (1993).

[3] A.M. Klein, B.E. Vaissière, J.H. Cane, I. Steffan-Dewenter, S.A. Cunningham, C. Kremen, T.Tscharntke. Importance of pollinators in changing landscapes for world crops. The Proceedings of the Royal Society of London, Series B 274, 303-313 (2007).

[4] Análisis agroganadero, ganadería, apicultura. COAG, Anuario agrario 148-167, (2010).

[5] N. Gallai, J-M. Salles, J. Settele, B.E. Vaissière. Economic valuation of the vulnerability of world agriculture confronted with pollinator decline. Ecological Economics 68, 810-821 (2009).

[6] Programa nacional de medidas de ayuda a la apicultura, España 2011-2013. Ministerio de Medio Ambiente y Medio Rural y Marino. Madrid (2010).

[7] N. Bradbear. La apicultura y los medios de vida sostenibles. Dirección de Sistemas de Apoyo a la Agricultura Organización de las Naciones Unidas para la Agricultura y la Alimentación FAO. Roma (2005).

[8] S. Kluser, P. Peduzzi. Global pollinators decline: A literature review. UNEP/GRID Europe © UNEP (2007).

[9] P. Neumann, N. L. Carreck. Honey bee colony losses. Journal of Apicultural Research 49, 1, 1-6 (2010).

[10] D. vanEngelsdorp, R. Underwood, D. Caron, J. Hayes. An estimate of managed colony losses in the winter of 2006-2007: A report commissioned by the Apiary Inspectors of America. American Bee Journal 147, 599-603 (2007).

[11] D. vanEngelsdorp, J. Hayes Jr., R.M. Underwood, J. Pettis. A survey of honey bee colony losses in the U.S., fall 2007 to spring 2008. PLoS ONE 3, 1-6 (2008).

[12] D. vanEngelsdorp, J. Hayes Jr., R.M. Underwood, J.S. Pettis. A survey of honey bee colony losses in the United States, fall 2008 to spring 2009. Journal of Apicultural Research 49, 7-14 (2010).

[13] J.C. Biesmeijer, S.P.M. Roberts, M. Reemer, R. Ohlemuller, et al. Parallel declines in pollinators and insect-pollinated plants in Britain and the Netherlands. Science 313, 5785, 351-354 (2006).

[14] J.P. Faucon, L. Mathieu, M. Ribiere, AC. Martel, et al. Honey bee Winter mortality in France in 1999 and 2000. Bee World 83, 14-23 (2002).

[15] J. Bernal, E. Garrido-Bailón, M.J.del Nozal, A.V. González-Porto, et al. Overview of pesticide residues in stored pollen and their potential effect on bee colony (Apis mellifera) losses in Spain. Journal Economic Entomology 103, 6, 1964-1971 (2010).

[16] S.G. Potts, S.P.M. Roberts, R. Dean, G. Marris, et al. Declines of managed honey bees and beekeepers in Europe. Journal of Apicultural Research 49, 1, 15-22 (2010).

[17] W. Quarles. Pesticides and honey bee Colony Collapse Disorder. IPM Practitioner 30, 1–10 (2008).

[18] D. vanEngelsdorp, J. D. Evans, C. Saegerman, C. Mullin, et al. Colony Collapse Disorder: A Descriptive Study. PLoS One 4, 8, 1-17 (2009).

[19] P. Rosenkranz, P. Aumeier, B. Ziegelmann. Biology and control of Varroa destructor. Journal of Invertebrate Pathology 103, S96–S119 (2010).

[20] M. Higes, R. Martín-Hernández, C. Botías, E. Garrido Bailón, et al. How natural infection by *Nosema ceranae* causes honeybee colony collapse. Environmental Microbiology 10,10, 2659–2669 (2008).

[21] M. Higes, R. Martín-Hernández, E. Garrido-Bailón, A.V. González-Porto, et al. Honeybee colony collapse due to *Nosema ceranae* in professional apiaries. Environmental Microbiology Reports 1, 2, 110–113 (2009).

[22] M. Higes, R. Martín-Hernández, A. Martínez-Salvador, E. Garrido-Bailón. A preliminary study of the epidemiological factors related to honey bee colony loss in Spain. Environmental Microbiology Reports 2, 2, 243–250 (2010).

[23] M. Higes, R. Martín-Hernández, A. Meana. *Nosema ceranae* in Europe: an emergent type C nosemosis. Apidologie 41, 3, 375-392 (2010).

[24] M. Johnson, M.D.Ellis, C.A. Mullin, M. Frazier. Pesticides and honey bee toxicity – USA. Apidologie 41, 312-331 (2010).

[25] C.A. Mullin, M. Frazier, J.L. Frazier, S. Ashcraft, et al. High levels of miticides and agrochemicals in North America apiaries: Implications for honey bee health. PLoS ONE 5, 3, 1-19 (2010).

[26] J.Y. Wu, C.M. Anelli, W.S. Sheppard. Sub-lethal effects of pesticide residues in brood comb on worker honey bee (Apis mellifera) development and longevity. PLoS ONE 6, 2, 1-11 (2011).

[27] E. Genersch, W. von der Ohe, H. Kaatz, A. Schroeder, et al. The German bee monitoring project: a long term study to understand periodically high winter losses of honey bee colonies. Apidologie 41, 3, 332-352 (2010).

[28] B. P. Oldroyd. What's Killing American Honey Bees? PLoS Biology 5, 6, 1195-1199 (2007).

[29] D. vanEngelsdorp, M. D. Meixner. A historical review of managed honey bee populations in Europe and the United States and the factors that may affect them. Journal of Invertebrate Pathology 103, S80–S95 (2010).

[30] S.G. Potts, J.C. Biesmeijer, C.Kremen, P. Neumann, et al. Global pollinator declines: trends, impacts and drivers. Trends in Ecology and Evolution 25, 6, 345-353 (2010).

[31] P. Jeschke, R. Nauen, M. Schindler, A. Elbert. Overview of the Status and Global Strategy for Neonicotinoids. Journal Agriculture Food Chemistry 59, 2897–2908 (2011).

[32] A. Elbert, M. Haas, B. Springer, W. Thielert, R. Nauen. Mini-review Applied aspects of neonicotinoid uses in crop protection. Pest Management Science 64, 1099–1105 (2008).

[33] G. Tanner, C. Czerwenka. LC-MS/MS Analysis of Neonicotinoid Insecticides in Honey: Methodology and Residue Findings in Austrian Honeys. Journal Agriculture Food Chemistry 59, 12271–12277 (2011).

[34] H. Uneme. Chemistry of clothianidin and related compounds. Journal Agriculture and Food Chemistry 59, 7, 2932-2937 (2011).

[35] A. Buchholz, R. Nauen. Translocation and translaminar bioavailability of two neonicotinoid insecticides after foliar application to cabbage and cotton. Pest Management Science 58, 10-16 (2001).

[36] R. Sur, A. Stork. Uptake, translocation and metabolism of imidacloprid in plants. Bulletin of Insectology 56, 1, 35-40 (2003).

[37] S. Mohapatra, M. Deepa, S. Lekha, B. Nethravathi, et al. Residue Dynamics of Spirotetramat and Imidacloprid in/on Mango and Soil. Bulletin of Environmental Contamination and Toxicology 89, 862–867 (2012).

[38] F.M. Laurent, E. Rathahao. Distribution of [14C] Imidacloprid in Sunflowers (*Helianthus an*nuus L.) following Seed Treatment. Journal Agriculture and Food Chemistry 51, 8005-8010 (2003).

[39] R. Schmuck, R. Scho¨ning, A. Stork, O. Schramel. Risk posed to honeybees (Apis mellifera L. Hymenoptera) by an imidacloprid seed dressing of sunflowers. Pest Management Science 57,225-238 (2001)

[40] H. M. Thompson. Risk assessment for honey bees and pesticides – recent developments and 'new issues'. Pest Management Science 66, 1157–1162 (2010).

[41] V. Girolami, L. Mazzon, A. Squartini, N. Mori, et al. Translocation of neonicotinoid insecticides from coated seeds to seedling guttation drops: A novel way of intoxication for bees. Journal Economy. Entomology 102, 5, 1808-1815 (2009).

[42] J.E. Reetz, S. Zühlke, M. Spiteller, K. Wallner. Neonicotinoid insecticides translocated in guttated droplets of seed-treated maize and wheat: a threat to honeybees? Apidologie 42, 596–606 (2011).

[43] L. Maxim, J. P. van der Sluijs. Uncertainty: Cause or effect of stakeholders' debates? Analysis of a case study: The risk for honeybees of the insecticide Gaucho. Science of the Total Environment 376, 1–17(2007).

[44] V. Kindemba. The impact of neonicotinoid insecticides on bumblebees, honey bees and other non-target invertebrates. ISBN 978-1-904878-95-7. 16-23 (2009). www.buglife.org.uk. (Última visita 20 de junio de 2014).

[45] G.C. Cutler, C.D. Scott-Dupree. Exposure to clothianidin treated canola has no long-term impact on honey bee. Journal Economic Entomology 100, 3, 765-772 (2007).

[46] M.P. Chauzat, P. Carpentier, A.C. Martel, S. Bougeard, et al. Influence of Pesticide Residues on Honey Bee (Hymenoptera: Apidae) Colony Health in France. Environmental Entomology 38, 514–523 (2009).

[47] M. Fossen. Environmental fate of imidacloprid. Environmental monitoring, California Department of Pesticide Regulation 1-16 (2006).

[48] T. Iwasa, N. Motoyama, J.T. Ambrose, R.M. Roe, Mechanism for the differential toxicity of neonicotinoid insecticides in the honey bee, *Apis Mellifera.* Crop Protection 23, 371-378 (2004).

[49] D. Laurino, M. Porporato, A. Patetta, A. Manino. Toxicity of neonicotinoid insecticides to honey bees: laboratory tests. Bulletin of Insectology 64, 1, 107-113 (2011).

[50] V. Girolami, M. Marzaro, L. Vivan, L. Mazzon, et al. Fatal powdering of bees in flight with particulates of neonicotinoids seed coating and humidity implication. Journal of Applied Entomology 136, 17–26 (2012).

[51] M. Marzaro, L. Vivan, A. Targa, L. Mazzon, et al. Lethal aerial powdering of honey bees with neonicotinoids from fragments of maize seed coat. Bulletin of Insectology 64, 1, 119-126 (2011).

[52] S. Suchail, D. Guez, L.P. Belzunces. Characteristics of imidacloprid toxicity in two *apis mellifera* subspecies. Environmental Toxicology and Chemistry 19, 7, 1901–1905 (2000).

[53] A. Decourtye, C. Armengaud, M. Renou, J. Devillers, et al. Imidacloprid impairs memory and brain metabolism in the honeybee (Apis mellifera L.). Pesticide Biochemistry and Physiology 78, 83-92 (2004).

[54] P. Medrzycki, R. Montanari, L. Bortolotti, A.G. Sabatini, et al. Effects of imidacloprid administered in sub-lethal doses on honey bee behaviour. Laboratory tests. Bulletin of Insectology. 56, 1, 59–62 (2003).

[55] A. Decourty, J. Devillers, S. Cluzeau, C. Mercedes, et al. Effects of Imdiacloprid and Delamethrin on associative learning in honeybees under semi-field and laboratory coniditions. Ecotoxicology and Environmental Safety 57 (3), 410–419 (2004).

[56] V. Mommaerts, S. Reynders, J. Boulet, L. Besard, et al. Risk assessment for side-effects of neonicotinoids against bumblebees with and without impairing foraging behavior. Ecotoxicology 19, 207–215 (2010).

[57] T. Blacquière, G. Smagghe, C.A.M. van Gestel, V. Mommaerts. Neonicotinoids in bees: a review on concentrations, side-effects and risk assessment. Ecotoxicology 21, 973–992 (2012).

[58] C. Alaux, J.L Brunet, C. Dussaubat, F. Mondet, et al. Interactions between *Nosema* microspores and a neonicotinoid weaken honeybees (*Apis mellifera*). Environmental Microbiology 12, 3, 774–782 (2010)

[59] J. S. Pettis, D. vanEngelsdorp, J. Johnson, G. Dively. Pesticide exposure in honey bees results in increased levels of the gut pathogen Nosema. Naturwissenschaften 99, 153–158 (2012).

[60] C. Vidau, M. Diogon, J. Aufauvre, R. Fontbonne, et al. Exposure to sublethal doses of fipronil and thiacloprid highly increases mortality of honeybees previously infected by *Nosema ceranae*. PLoS ONE 6(6): e21550. doi:10.1371/journal.pone.0021550.

[61] P. Jeschke, R. Nauen, M. Schindler, A. Elbert. Overview of the status and global strategy for neonicotinoids. Journal of Agricultural and Food Chemistry 59, 7, 2897-2908 (2011).

[62] F.P. Mertz, R.C. Yao. *Saccharopolyspora spinosa* sp. nov. Isolated from Soil Collected in a Sugar Mill Rum Still. International Journal of Systematic Bacteriology 40, 1, 34-39 (1990).

[63] M.B. Hertlein, G.D. Thompson, B. Subramanyamb, C.G. Athanassiou. Spinosad: A new natural product for stored grain protection. Journal of Stored Products Research 47, 131-146 (2011).

[64] G.D Thompson, R. Dutton, T.C. Sparks. Spinosad – a case study: an example from a natural products discovery programme. Pest Management Science 56, 696-702 (2000).

[65] M.A. Mayes, G.D. Thompson, B. Husband, M.M. Miles. Spinosad Toxicity to Pollinators and Associated Risk. Reviews of Environmental Contamination and Toxicology 179, 37–71 (2003).

[66] M.C. Gentz, G. Murdoch, G.F. King. Tandem use of selective insecticides and natural enemies for effective, reduced-risk pest management. Biological Control 52, 208–215 (2010).

[67] C.L. Cantrell, F.E. Dayan, S. O. Duke. Natural Products as Sources for New Pesticides. Journal of Natural Products 75, 1231−1242 (2012).

[68] M. Miles. The effects of spinosad, a naturally derived insect control agent to the honeybee. Bulletin of Insectology 56, 1, 119-124 (2003).

[69] J.P. Spencer, J. Ibarra, P.A. Rendón. Effect of spinosad on honey bees (hymenoptera; apidae) in Guatemala. Southwestern Entomologist 28, 3, 211-216 (2003).

[70] J. Bailey, C. Scott-Dupreea, R. Harris, J. Tolman, B. Harris. Contact and oral toxicity to honey bees (*Apis mellifera*) of agents registered for use for sweet corn insect control in Ontario, Canada. Apidologie 36, 623–633 (2005).

[71] A. Ulloa, T. Curkovic, J. Araya. Toxicidad oral de seis insecticidas en larvas de *Vespula germanica* (F.) en laboratorio. Agricultura Técnica 66, 2, 133-140 (2006).

[72] L. Besard, V. Mommaerts, G. Abdu-Allaa, G. Smagghe. Lethal and sublethal side-effect assessment supports a more benign profile of spinetoram compared with spinosad in the bumblebee Bombus terrestres. Pest Management Science 67, 541–547 (2011).

[73] L.A Morandin, M.L Winston, M.T Franklin, V.A. Abbott. Lethal and sub-lethal effects of spinosad on bumble bees (*Bombus impatiens* Cresson). Pest Management Science 61, 619–626 (2005).

[74] E.I. Rabea, H.M. Nasr, M.E.I. Badawy. Toxic Effect and Biochemical Study of Chlorfluazuron, Oxymatrine and Spinosad on Honey Bees (Apis mellifera). Archives of Environmental Contamination and Toxicology 58, 722–732 (2010).

[75] A. Biondi, V. Mommaerts, G. Smagghe, E. Viñuela, et al. The non-target impact of spinosyns on beneficial arthropods. Pest Management Science 68, 1523–1536 (2012).

[76] M-P. Chauzat, J-P. Faucon, A-C. Martel, J. Lachaize, et al. A Survey of Pesticide Residues in Pollen Loads Collected by Honey Bees in France. Journal of Economic Entomology, 99, 2, 253-262 (2006).

[77] S. Ghini, M. Fernández, Y. Picó, R. Marín, et al. Occurrence and Distribution of Pesticides in the Province of Bologna, Italy, Using Honeybees as Bioindicators. Archives Environmental Contamination and Toxicology 47, 479–488 (2004).

[78] G. Balayiannis, P. Balayiannis. Bee Honey as an Environmental Bioindicator of Pesticides'Occurrence in Six Agricultural Areas of Greece. Archives of Environmental Contamination and Toxicology 55, 3, 462-70 (2008).

[79] M.I. Smodis Skerl, S. Velikonja Bolta, H.B. Cesnik, A. Gregorc. Residues of Pesticides in Honeybee (Apis mellifera carnica) Bee Bread and in Pollen Loads from Treated Apple Orchards. Bulletin Environmental Contamination and Toxicology 83, 374–377 (2009).

[80] S. Bogdanov. Beeswax: Uses and Trade. Chapter 1, 1-16 (2009) Disponible en: www.bee-hexagon.net. (Última visita 20 de junio de 2014).

[81] S. Bogdanov. Beeswax: Produccion, Propertis Composition and Control. Chapter 2, 1-17 (2009). Disponivle en: www.bee-hexagon.net. (Última visita 20 de junio de 2014).

[82] D. vanEngelsdorp, J. D. Evans, L. Donovall, C. Mullin, et al. "Entombed Pollen": A new condition in honey bee colonies associated with increased risk of colony mortality. Journal of Invertebrate Pathology 101,147–149 (2009).

[83] Boddanov, A. Imdorf, V. Kilchenmann. Residues in wax and honey after Apilife VAR treatment. Apidologie 29, 513-524 (1998).

[84] M.E. Soria, N.H. Malacalza, M.C. Mouteira, R. Silva, et al. Transferencia de furazolidona de cera a miel. Revista argentina de reproducción animal 27, 2, 83-89 (2007).

[85] Obana H., Okihashi M., Akutsu K., Kitagawa Y. and Hori S. Determination of Acetamiprid, Imidacloprid and Nitenpyram Residues in Vegetables and Fruits by High-Performance Liquid Chromatography with Diodo-Array Detection. Journal Agriculture and Food Chemistry 50, 4464-4467 (2002).

[86] Y. Tsumura, Y. Nakamura, Y. Tonogai, Y. Kakimoto, et al. Determination of neonicotinoid pesticide nitenpyram and its metabolites in agricultural products. Journal of the Food Hygienic Society of Japan, 39, 2,127-134 (1998).

[87] H. Obana, M. Okihashi, K. Akutsu, Y. Kitagawa, et al. Determination of Neonicotinoid pesticide Residues in Vegetables and Fruits with Solid Phase Extraction and Liquid Chromatography Mass Spectrometry. Journal Agricultural and Food Chemistry 51, 2501-2505 (2003).

[88] B. Shashi Singh, G. D. Foster, S. U. Khan. Microwave-Assisted Extraction for the Simultaneous Determination of Thiamethoxam, Imidacloprid, and Carbendazim Residues in Fresh and Cooked Vegetable Samples. Journal Agriculture and Food Chemistry. 52, 105-109 (2004).

[89] I. Ferrer, E. M.Thurman, A. R. Fernández-Alba. Quantitation and Accurate Mass Analysis of Pesticides in Vegetables by LC/TOF-MS. Analitycal Chemistry 77, 2818-2825 (2005).

[90] A. Di Muccio, P. Fidente, D. A. Barbini, R. Dommarcoa, et al. Application of solid-phase extraction and liquid chromatography–mass spectrometry to the determination of neonicotinoid pesticide residues in fruit and vegetables. Journal of Chromatography A, 1108 1–6 (2006).

[91] V. Guzsvány, A. Madzgalj, P. Trebse, F. Gaál, M. Franko. Determination of selected neonicotinoid insecticides by liquid chromatography with thermal lens spectrometric detection. Environmental Chemistry Letter 5, 203–208 (2007).

[92] H. Botitsi, A. Economou , D.Tsipi. Development and validation of a multi-residue method for the determination of pesticides in processed fruits and vegetables using liquid chromatography–electrospray ionization tandem mass spectrometry. Analytical and Bioanalytical Chemistry 389,1685–1695 (2007).

[93] E. Watanabe, K. Baba, H. Eun. Simultaneous Determination of Neonicotinoid Insecticides in Agricultural Samples by Solid-Phase Extraction Cleanup and Liquid Chromatography Equipped with Diode-Array Detection. Journal Agricultural and Food Chemistry 55, 3798-3804 (2007).

[94] L. Chen, J.F. Wang, P. Du, X.G. Tang. Determination of Imidacloprid and Acetamiprid in Leek by Reversed Phase High Performance Liquid Chromatography with Microwave Treatment and Convenient Reverse Solid Phase Dispersion Clean-up. Chinese Journal of Analytical Chemistry 36,10, 1364-1368 (2008).

[95] S. Khay, A. M. A. El-Aty, S-K. Cho, J-H. Choi, et al. Development of extraction procedures for the determination of imidacloprid: application to residue analysis and dynamics of two formulations in Chinese cabbage. Biomedical Chromatography 22, 581–589 (2008).

[96] J-Y. Park, J-H. Choi, B-M. Kim, J-H. Park. Determination of acetamiprid residues in zucchini grown under greenhouse conditions: application to behavioral dynamics. Biomedical Chromatography 25, 136–146 (2011).

[97] Q. Wu, Z. Li, C. Wang, C. Wu, et al. Dispersive Solid-Phase Extraction Clean-up Combined with Dispersive Liquid–Liquid Microextraction for the Determination of Neonicotinoid Insecticides in Vegetable Samples by High-Performance Liquid Chromatography. Food Analytical Methods 4, 559–566 (2011).

[98] W. Xie, C. Han, Y. Qian, H. Ding, et al. Determination of neonicotinoid pesticides residues in agricultural samples by solid-phase extraction combined with liquid chromatography–tandem mass spectrometry. Journal of Chromatography A 1218, 4426– 4433 (2011).

[99] F. Zhang, Y. Li, C. Yu, C. Pan. Determination of Six Neonicotinoid Insecticides Residues in Spinach, Cucumber, Apple and Pomelo by QuEChERS Method and LC–MS/MS. Bulletin Environmental Contamination and Toxicology 88, 885–890 (2012).

[100] F.J Byrne, A.A. Urena, L.J. Robinson, R.I Krieger, et al. Evaluation of neonicotinoid, organophosphate and avermectin trunk injections for the management of avocado trips in California avocado groves. Pest Management Science 68, 811–817 (2012).

[101] M. Arienzo, D. Cataldo, L. Ferrara. Pesticide Residues In Fresh Cut Vegetables From Integrated Pest Management By Ultra Performance Liquid Chromatography Coupled To Tandem Mass Spectrometry. Food Control 31(1), 108–115 (2013).

[102] S. Zhang, X. Yang, X. Yin, C. Wang, et al. Dispersive liquid–liquid microextraction combined with sweeping micellar electrokinetic chromatography for the determination of some neonicotinoid insecticides in cucumber samples. Food Chemistry 133, 544–550 (2012).

[103] E. Watanabe, Y. Kobara, Y. Yogo. Rapid and Simple Analysis of Pesticides Persisting on Green Pepper Surfaces Swabbing with Solvent-Moistened Cotton. Journal Agriculture and Food Chemistry 60, 9000–9005 (2012).

[104] T. Xu, Q. Gong Xu, H. Li, J. Wang, et al. Strip-based immunoassay for the simultaneous detection of the neonicotinoid insecticides imidaclоprida and thiamethoxam in agricultural products. Talanta 101, 85-90 (2012).

[105] M. M. Rahman, J-H. Park, A.M. Abd El-Aty, J-H. Choi, et al. Feasibility and application of an HPLC/UVD to determine dinotefuran and its shorter wavelength metabolites residues in melon with tandem mass confirmation. Food Chemistry 136, 1038–1046 (2013).

[106] J. Sun, GH. Chen, K. Wang, M. Dong, et al. Determination of Three Chloronicotinyl Insecticide Residues by Capillary Electrophoresis with Sweeping. Chinese Journal of Analytical Chemistry 38, 8, 1151-1155 (2010).

[107] S. Seccia, P. Fidente, D. Montesano, P. Morrica. Determination of neonicotinoid insecticides residues in bovine milk samples by solid-phase extraction clean-up and liquid chromatography with diode-array detection. Journal of Chromatography A 1214,115–120 (2008).

[108] Z. Xiao, X. Li, X. Wang, J. Shen, et al. Determination of neonicotinoid insecticides residues in bovine tissues by pressurized solvent extraction and liquid chromatography–tandem mass spectrometry. Journal of Chromatography B 879, 117–122 (2011).

[109] S. Campbell, L. Chen, J. Yu, Q. X. Li . Adsorption and Analysis of the Insecticides Thiamethoxam and Indoxacarb in Hawaiian Soils. J. Agriccultural Food Chemistry. 53, 5373−5376 (2005).

[110] S. Seccia, P. Fidente, D. Attard Barbini, P. Morrica. Multiresidue dotormination of nicotinoid insecticide residues in drinking water by liquid chromatography with Electrospray ionization mass spectrometry. Analytica Chimica Acta 553, 21–26 (2005).

[111] Qingxiang Zhou . Yujie Ding . Junping Xiao. Sensitive determination of thiamethoxam, imidacloprid and acetamiprid in environmental water samples with solid-phase extraction packed with multiwalled carbon nanotubes prior to high-performance liquid chromatography. Analytical and Bioanalytical Chemistry 385, 1520–1525 (2006).

[112] N. Dujakovic, S. Grujic, M. Radisi, T. Vasiljevi, et al. Determination of pesticides in surface and ground waters by liquid chromatography–electrospray–tandem mass spectrometry. Analytica Chimica Acta 678, 63–72 (2010).

[113] A. Peña , J.A. Rodríguez-Liébana, M.D. Mingorance . Persistence of two neonicotinoid insecticides in wastewater and in aqueous solutions of surfactants and dissolved organic matter. Chemosphere 84, 464–470 (2011).

[114] V. G. Amelin, D. S. Bolshakov, A. V. Tretiakov. Identification and Determination of Synthetic Pyrethroids, Chlorpyriphos, and Neonicotinoids in Water by Gas and Liquid Chromatography. Zhurnal Analiticheskoi Khimii, 67, 4, 398–403 (2012).

[115] W. Wang, Y. Li, Q. Wu, C. Wang , et al. Extraction of neonicotinoid insecticides from environmental water samples with magnetic graphene nanoparticles as adsorbent followed by determination with HPLC. Analytical Methods, 2012, 4, 766-772 (2012).

[116] G.G. Ying, R.S. Kookana. Simultaneous determination of imidacloprid, thiacloprid and thiamethoxam in soil and water by high-performance liquid chromatography with diode-array detection. Journal Environmental Science Health 39, 5-6, 737-746 (2004).

[117] C. Coscollaa, V. Yusa, M. I. Beser, A. Pastor. Multi-residue analysis of 30 currently used pesticides in fine airborne particulate matter (PM 2.5) by microwave-assisted extraction and liquid chromatography-tandem mass spectrometry. Journal of Chromatography A, 1216, 8817–8827 (2009).

[118] A. Economou, H. Botitsi, S. Antoniou, D. Tsipi. Determination of multi-class pesticides in wines by solid-phase extraction and liquid chromatography-tandem mass spectrometry. Journal of Chromatography A 1216, 5856–5867 (2009).

[119] C. Mohan, Y. Kumar, J. Madan, N. Saxena, et al. Simultaneous evaluation of neonicotinoids in cotton seed cake using reverse phase high-performance liquid chromatography. Journal of the Science of Food and Agriculture 89, 1250–1252 (2009).

[120] C. Mohan, Y. Kumar, J. Madan, N. Saxena. Multiresidue analysis of neonicotinoids by solid-phase extraction technique using high-performance liquid chromatography. Environ Monitoring and Assessment 165, 573–576 (2010).

[121] A. Tapparo, D. Marton, C. Giorio, A. Zanella, et al. Assessment of the Environmental Exposure of Honeybees to Particulate Matter Containing Neonicotinoid Insecticides Coming from Corn Coated Seeds. Environmental Science Technology 46, 2592−2599 (2012).

[122] P. Wang, X. Yang, J. Wang, J. Cui, et al. Multi-residue method for determination of seven neonicotinoid insecticides in grains using dispersive solid-phase extraction and dispersive liquid–liquid micro-extraction by high performance liquid chromatography. Food Chemistry 134,1691–1698 (2012).

[123] A. Angioni, L. Porcu, F. Pirisi. LC/DAD/ESI/MS Method for the Determination of Imidacloprid, Thiacloprid, and Spinosad in Olives and Olive Oil after Field Treatment. Journal Agriculture and Food Chemistry 59, 11359–11366 (2011).

[124] Y. Jiang, Y. Li, Y. Jiang, J. Li , et al. Determination of Multiresidues in Rapeseed, Rapeseed Oil, and Rapeseed Meal by Acetonitrile Extraction, Low-Temperature Cleanup, and Detection by Liquid Chromatography with Tandem Mass Spectrometry. Journal Agricultural and Food Chemistry 60, *20, 5089–5098 (2012).*

[125] G. I. Diez-Rodríguez, G. C. de Baptista, I. R.P. Trevizan, M. L. Haddad, et al. Resíduos de Tiametoxam, Aldicarbe e de seus Metabólitos em Folhas de Cafeeiro e Efeito no Controle de Leucoptera coffeella (Guérin-Mèneville) (Lepidoptera: Lyonetiidae). Neotropical Entomology 35, 2, 257-263 (2006).

[126] W. Xie, Y. Qian, HY. Ding, XM. Chen, et al. Determination of Six Neonicotinoid Pesticides Residues in Tea Samples Using High Performance Liquid Chromatography Tandem Mass Spectrometry. Chinese Journal of Analytical Chemistry 37, 4, 495-499 (2009).

[127] G. C. Bedendo, I. C. Sales Fontes Jardim, E. Carasek. Multiresidue determination of pesticides in industrial and fresh orange juice by hollow fiber microporous membrane liquid-liquid extraction and detection by liquid chromatography-electrospray-tandem mass spectrometry. Talanta 88, 573– 580 (2012).

[128] Z. Liu, Z. Zheng, F. Wei, Y. Ren, et al. Simultaneous determination of seven neonocotinoid pesticide residues in food by Ultraperfermance Liquid Chromatography Tandem Mass Spectrometry. Journal of Agricultural and Food Chemistry 58, 3271-3278 (2010).

[129] G. P. Dively, A. Kamel. Insecticide Residues in Pollen and Nectar of a Cucurbit Crop and Their Potential Exposure to Pollinators. Journal of Agricultural and Food Chemistry 60, 4449−4456 (2012).

[130] A. Choudhary, D. C. Sharma. Dynamics of pesticide residues in nectar and pollen of mustard (Brassica juncea (L.) Czern.) grown in Himachal Pradesh (India). Environ Monitoring and Assessment 144,143–150 (2008).

[131] P. Fidente, S. Seccia, F. Vanni. P. Morrica. Analysis of neonicotinoid insecticides residues in honey by solid matrix partition clean-up and liquid chromatography electrospray mass spectrometry. Journal of Chromatography A 1094, 175-178 (2005).

[132] Rancan M., Rossi S. and Sabatini A.G. Determination of Thiamethoxam residues in honeybees by high performance liquid chromatography with an electrochemical detector and post-column photochemical reactor. Journal of Chromatography A 1123, 60-65 (2006).

[133] G. C. Cutler, C.D. Scott-Dupree. Exposure to Clothianidin Seed-Treated Canola Has No Long-Term Impact on Honey Bees. Journal of Economic Entomology, 100, 3, 765-772 ( 2007).

[134] H. Ma, Y. Xu, Q. X. Li, T. Xu, et al. Application of enzyme-linked immunosorbent assay for quantification of the insecticides imidacloprid and thiamethoxam in honey samples. Food Additives and Contaminants 26, 5, 713–718 (2009).

[135] M. Garcia-Chao, M. J. Agruña, G. Flores Calvete, V. Sakkas. Validation of an off line solid phase extraction liquid chromatography-tandem mass spectrometry method for the determination of systemic insecticide residues in honey and pollen samples collected in apiaries from NW Spain. Analytica Chimica Acta 672, 107–113 (2010).

[136] A. Kamel. Refined Methodology for the Determination of Neonicotinoid Pesticides and Their Metabolites in Honey Bees and Bee Products by Liquid Chromatography-Tandem Mass Spectrometry (LC-MS/MS). Journal of Agricultural and Food Chemistry 58, 5926–5931 (2010).

[137] C. A. Mullin, M. Frazier, J. L. Frazier, S. Ashcraft, et al. High Levels of Miticides and Agrochemicals in North American Apiaries: Implications for Honey Bee Health. PLoS ONE 5, 3, 1-19 (2010).

[138] A.C. Martel, C. Lair. Validation of a highly sensitive method for the determination of neonicotinoid insecticides residues in honeybees by liquid chromatography with electrospray tandem mass spectrometry . International Journal of Environmental Analytical Chemistry 91, 10, 978–988 (2011).

[139] G. Tanner, C. Czerwenka. LC-MS/MS Analysis of Neonicotinoid Insecticides in Honey: Methodology and Residue Findings in Austrian Honeys. Journal of Agricultural and Food Chemistry 59, 12271–12277 (2011).

[140] A. Tapparo, C. Giorio, L. Soldà , S. Bogialli, et al. UHPLC-DAD method for the determination of neonicotinoid insecticides in single bees and its relevance in honeybee colony loss investigations. Analytical and Bioanalytical Chemistry 405, 1007–1014 (2013).

[141] P. Jovanov, V. Guzsvány, M. den Franko, S. Lazić. Multi-residue method for determination of selected neonicotinoid insecticides in honey using optimized dispersive liquid–liquid microextraction combined with liquid chromatography-tandem mass spectrometry. Talanta 111, 125-133 (2013).

[142] R. Calvert. Diatomaceous earth. Journal of Chemical Education 7, 12, 2829-2841 (1930).

[143] Document Nº SANCO/825/00 rev.8.1 Guidance document on residue analytical methods. European Commission, Directorate General Health and Consumer Protection. http://ec.europa.eu/food/plant/protection/resources/guide_doc_825-00_rev7_en.pdf (Última visita 20 de junio de 2014).

[144] ICH Topic Q2, Validation of Analytical Procedures: Text and Methodology International Conference on Harmonization Tripartite Guideline. http://www.ich.org/products/guidelines/quality/article/quality-guidelines.html (Última visita 20 de junio de 2014)

[145] M. Thompson, S.L. Ellison, R. Wood. Pure Applied Chemistry 74, 835-855 (2002).

[146] P. Tremolada, I. Bernardinelli, M. Colombo, M. Spreafico, et al. Coumaphos Distribution in the Hive Ecosystem: Case Study for Modeling Applications. Ecotoxicology, 13, 589-601 (2004).

[147] Anónimo. Nitrofuranos en miel. Informe de la Comisión de Emergencia Sanitaria Apícola que funciona en el ámbito de la SAGPyA y en el SENASA. Argentina 2004. http://www.sada.org.ar/Noticias/nitrofuranos_en_miel.htm. (Última visita 20 de junio de 2014).

[148] P. Lanzelotti, M.A. Maldonado. Primer estudio de casos de la distribución de concentraciones de nitrofuranos en la cera y en la miel en los diversos cuadros de una misma colmena, incluyendo la variable temporal. Laboratorio de Control de Calidad Melacrom 1-4 (2004). http://www.sada.org.ar/Articulos/Tecnicos/indice.htm (Última visita 20 de junio de 2014).

[149] P. Lanzelotti. Dinámicas de contaminación de miel y cera en la colmena. Estudio de casos con residuos de nitrofuranos y coumaphos. Agro Sur 35,1, 28-29 (2007).

[150] S. Gupta, V. T. Gajbhiye, R. K. Gupta. Effect of Light on the Degradation of Two Neonicotinoids viz Acetamiprid and Thiacloprid in Soil. Bulletin of Environmental Contamination and Toxicology 81,185–189 (2008).

[151] N. Schippers, W. Schwack. Photochemistry of Imidacloprid in Model Systems. Journal of Agricultural and Food Chemistry 56, 8023–8029 (2008).

[152] A. Peña, J.A. Rodríguez-Liébana, M.D. Mingorance. Persistence of two neonicotinoid insecticides in wastewater, and in aqueous solutions of surfactants and dissolved organic matter. Chemosphere 84, 464–470 (2011).

[153] Z. Papp, V. Guzsvány, I. Švancara, K. Vytřas. Voltammetric Monitoring of Photodegradation of Clothianidin, Nitenpyram and Imidacloprid Insecticides Using a Tricresyl Phosphate-Based Carbon Paste Electrode. International Journal of Electrochemistry Science 6, 5161 – 5171 (2011).

[154] R. Zabar, D. Dolenc, T. Jerman, M. Franko, et al. Photolytic and photocatalytic degradation of 6-chloronicotinic acid. Chemosphere 85, 861–868 (2011).

[155] R. Zabar, T. Komel, J. Fabjan, M. Bavcon Kralj, et al. Photocatalytic degradation with immobilized $TiO_2$ of three selected neonicotinoid insecticides: Imidacloprid, thiamethoxam and clothianidin. Chemosphere 89, 293–301 (2012).

[156] J. Bacey. Environmental Fate of Imidacloprid. Environmental Monitoring & Pest Management Branch, Department of Pesticide Regulation. www.cdpr.ca.gov/docs/emon/pubs/fatememo/imid.pdf (Última visita 20 de junio de 2014).

[157] Reglamento (UE) Nº 1147/2012 de la comisión del 4 de diciembre de 2012 por el que se modifica el anexo II del Reglamento (CE) nº 1333/2008 del Parlamento Europeo y del Consejo con respecto a la utilización de cera de abeja (E 901), cera de carnauba (E 903), goma

laca (E 904) y cera microcristalina (E 905) en determinadas frutas. http://www.boe.es/doue/2012/333/L00034-00036.pdf (Última visita 20 de junio de 2014).

[158] Normas alimentarias FAO/OMS, CODEX alimentarius. GSFA ONLINE. Actualizado hasta la 35ª Reunión de la Comisión del Codex Alimentarius (2012). Información sobre el aditivo alimentario. www.codexalimentarius.net/gsfaonline/additives/details.html?id=265 (Última visita 20 de junio de 2014).

[159] Scientific Opinion of the Panel on Food additives, Flavourings, Processing aids and Materials in Contact with Food (AFC) on a request from the Commission on the safety in use of beeswax. The EFSA Journal 615, 1-3 (2007).

[160] J. W. Hill, D.K. Kolb. Química para el nuevo milenio. Prentice Hall, 495-499 (1999).

[161] R. Krell. Value-Added Products from Beekeeping. FAO Agricultural Services Bulletin No. 124. Food and Agriculture Organization of the United Nations Rome 1996. Chapter 4.

[162] Reglamento (CE) No 1223/2009 del Parlamento Europeo y del Consejo de 30 de noviembre de 2009 sobre los productos cosméticos. http://eur-lex.europa.eu/LexUriServ/LexUriServ.do?uri=OJ:L:2009:342:0059:0209:ES:PDF (Última visita 20 de junio de 2014)

[163] Use of beeswax to increase the protection factor of cosmetic or dermatological sunscreens. European Patent Register No. EP0887068 (2007).

[164] W. Phuapradit, N.H. Shah, Y. Lou, S. KunduCritical, et al. Critical processing factors affecting rheological behavior of a wax based formulation. European Journal of Pharmaceutics and Biopharmaceutics 53, 175–17 (2002).

[165] N. Iwamoto, A. Nakano, Y. Imanishi. Method for filling hard capsules with granular drugs. D.B.R. Patent No.1207047 (1965).

[166] N. Iwamoto, A. Nakano, Y. Imanishi, Method for filling hard capsules with granular by the open-mouth-down pundring method. United States Patent Office 3, 297, 804 (1967).

[167] R. Xu. Pharmaceutical based and the use of the same. United States Patent No. 5,817,322 (1998).

[168] C. Kimura, T. Nakanishi, K. Tojo. Skin permeation of ketotifen applied from stick-type formulation. European Journal of Pharmaceutics and Biopharmaceutics 67, 420–424 (2007).

[169] A. Gómez Pajuelo. La cera de abeja, control y factores de calidad. IV Jornada Malagueña de Apicultura, Antequera, 1-5 (2002). http://www.mieldemalaga.com/asociacion/jornadas/ponencias/texto04-4.pdf (Última visita 20 de junio de 2014).

[170] Reglamento de Funcionamiento de la Casa de la Miel. Acuerdo Pleno del Exmo. Cabildo Insular de Tenerife de 26 de diciembre de 2003) http://www.casadelamiel.org/servicios.html (Última visita 20 de junio de 2014).

[171] J.A. Berry. Pesticides, Bees and Wax (An unhealthy untidy mix). Bee Culture 137,1, 33-35 (2009).

[172] O. Valega. Cera De Abejas: Segunda Parte. Usos terapéuticos, Purificación y Blanqueo. Galería apícola virtual. http://www.beekeeping.com/articulos/cera_abeja_2.htm (Última visita 20 de junio de 2014)

[173] O. Valega. Cera De Abejas: Primera Parte ¿Cómo produce cera la abeja? Y ¿Cómo producir más y mejor? Galería apícola virtual. http://www.beekeeping.com/_menu_sp/index.htm?menu.htm&0 (Última visita 20 de junio de 2014).

[174] J. J. Wagnitz, M. D. Ellis. Combining An Artificial Break In Brood Rearing With Oxalic Acid Treatment To Reduce Varroa Mite Levels. Science of Bee Culture 2, 2, 6-8 (2010).

[175] J. J. Wagnitz, M. D. Ellis.The Effect Of Oxalic Acid On Honey Bee Queens. Science of Bee Culture 2, 2, 8-11 (2010).

[176] J. Llorente. Productos de la colmena: El polen. www.mundoapicola.com (Última visita 20 de junio de 2014)

[177] S. Bogdanov. Pollen: Production, Nutrition and Health: A Review. 1-34 (2012) Disponible en: www.bee-hexagon.net (Última visita 20 de junio de 2014).

[178] Functional and Biological Properties of the Bee Products: a Review. 1-12 (2011) www.bee-hexagon.net (Última visita 20 de junio de 2014)

[179] J. Serra, M. Soliva, E. Centelles. Evaluation of Polyphenolic and Flavonoid Compounds in Honeybee-Collected Pollen Produced in Spain. Journal of Agricultural and Food Chemistry 49, 1848-1853 (2001).

[180] E. Basim, H. Basim, M. Ozcan. Antibacterial activities of Turkish pollen and propolis extracts against plant bacterial pathogens. Journal of Food Engineering 77, 992–996 (2006).

[181] M. Morais, L. Moreira, X. Feás, L.M. Estevinho. Honeybee-collected pollen from five Portuguese Natural Parks: Palynological origin, phenolic content, antioxidant properties and antimicrobial activity. Food and Chemical Toxicology 49, 1096–1101 (2011).

[182] Y. Puig-Peña, C.A. del-Risco-Ríos, V. Pazos Álvarez-Rivera, V. Leiva-Castillo, et al. Comparación de la calidad microbiológica del polen apícola fresco y después de un proceso de secado. Revista CENIC Ciencias Biológicas, 43, 1, 23-27 (2012).

[183] C. A. del Risco-Ríos, A. Pérez-Piñeiro, V. Pazos Álvarez-Rivera, G. Rodríguez-Castro, et al. Bacterias ácido-lácticas para ensilar polen apícola. Revista CENIC Ciencias Biológicas 43, 1, 17-21 (2012).

[184] H-J. Zhang, Q-W. Zhou, G-C. Zhou, Y-M. Cao, et al. Biotransformation of the Neonicotinoid Insecticide Thiacloprid by the Bacterium Variovorax boronicumulans Strain J1 and Mediation of the Major Metabolic Pathway by Nitrile Hydratase. Journal of Agricultural and Food Chemistry 60, 153−159 (2012).

[185] C. Cox. Imidacloprid. Journal of Pesticide Reform 2, 1, 15-21 (2001).

[186] A. R. Fernandez-Alba, A. Valverde, A. Agiiera, M. Contreras, et al. Determination of imidacloprid in vegetables by high performance liquid chromatography with diode-array detection. Journal of Chromatography A 721, 97-105 (1996).

[187] A. Navalon, A. González-Casado, R. El-Khattabi, J.L. Vilchez. Determination of Imidacloprid in Vegetable Samples by Gas Chromatography–Mass Spectrometry. The Analyst 122, 579–581 (1997).

[188] A.R. Fernández-Alba, A. Tejedor, A. Agüera. Determination of Imidacloprid and Benzimidazole Residues in Fruits and Vegetables by Liquid Chromatography–Mass Spectrometry after Ethyl Acetate Multiresidue Extraction. Journal of AOAC International 83, 3, (2000).

[189] J. López Flores, A. Molina Díaz, M.L. Fernández de Córdova. Development of a photochemically induced fluorescence-based optosensor for the determination of imidacloprid in peppers and environmental waters. Talanta 72, 991–997 (2007).

[190] S. Khay, A. M. Abd El-Aty, S-K Cho, J-H Choi, et al. Development of extraction procedures for the determination of imidacloprid: application to residue analysis and dynamics of two formulations in Chinese cabbage. Biomedical Chromatography 22, 581–589 (2008).

[191] P. Kumar Arora, G. Jyot, B. Singh, R. Singh Battu. Persistence of Imidacloprid on Grape Leaves, Grape Berries and Soil. Bulletin Environmental Contamination and Toxicology 82, 239–242 (2009).

[192] H. Guan, D.Chi, J. Yu, H. Li. Dynamics of residues from a novel nano-imidacloprid formulation in soyabean fields. Crop Protection 29, 942-946 (2010).

[193] M. Reza Majidi, K. Asadpour-Zeynali, M. Bamorowat, M. Nazarpur. Determination of Imidacloprid in Tomato Grown in Greenhouse Based on Copper(II) Phthalocyanine Modified Carbon Ceramic Electrode by Differential Pulse Voltammetry. Journal of the Chinese Chemical Society 58, 207-214 (2011).

[194] E. Watanabe, H. Eun, K. Baba, T. Arao, et al. Evaluation and Validation of a Commercially Available Enzyme-Linked Immunosorbent Assay for the Neonicotinoid Insecticide Imidacloprid in Agricultural Samples. Journal Agriculture and Food Chemistry 52, 2756-2762 (2004).

[195] E. Watanabe, H. Eun, K. Baba, T. Arao, et al. Rapid and simple screening analysis for residual imidacloprid in agricultural products with commercially available ELISA. Analytica Chimica Acta 521, 45–51 (2004).

[196] J.L. Vílchez, M.C. Valencia, A. Navalón, B. Molinero-Morales, et al. Flow injection analysis of the insecticide imidacloprid in water samples with photochemically induced fluorescence detection. Analytica Chimica Acta 439, 299–305 (2001).

[197] J.L. Vilchez, R. El-Khattabi, J. Fernández, A. González-Casado. Determination of imidacloprid in water and soil samples by gas chromatography-mass spectrometry. Journal of Chromatography A 746, 289-294 (1996).

[198] S. Baskaran, R.S. Kookana, R. Naidu. Determination of the insecticide imidacloprid in water and soil using high-performance liquid chromatography. Journal of Chromatography A 787, 271-275 (1997).

[199] D. Q. Thuyet, K. Yamazaki, T. K. Phong, H. Watanabe, et al. Determination of Imidacloprid in Paddy Water and Soil by Liquid Chromatography Electrospray Ionization Tandem Mass Spectrometry. Journal of Analytical Chemistry 65, 8, 843–847 (2010).

[200] P. Samnani, K. Vishwakarma, S. Y. Pandey. Simple and Sensitive Method for Determination of Imidacloprid Residue in Soil and Water by HPLC. Bulletin Environmental Contamination and Toxicology 86, 554–558 (2011).

[201] Anónimo. Determination of Imidacloprid and the Olefinic Imidacloprid, Guanidine, Olefinic Quanidine, Urea Metabolites in Well Water by High performance Liquid Chromatography Tandem Mass

Spectrometry. California Department of Food and Agriculture, Environmental Monitoring Section 1-20 (2008).

[202] K. Starner, K.S. Goh. Detections of the Neonicotinoid Insecticide Imidacloprid in Surface Waters of Three Agricultural Regions of California, USA, 2010–2011. Bulletin Environmental Contamination and Toxicology 88, 316–321(2012).

[203] J.M. Bonmatin, P.A. Marchand, R. Charvet, I. Moineau. Quantification of Imidacloprid Uptake in Maize Crops. Journal Agricultural and Food Chemistry 53, 5336−5341 (2005).

[204] J. Koo Lee, K. Chang Ahn, O. Suk Park, S. Young Kang, et al. Development of an ELISA for the Detection of the Residues of the Insecticide Imidacloprid in Agricultural and Environmental Samples. Journal Agricultural and Food Chemistry 49, 2159-2167 (2001).

[205] Anónimo. HPLC Determination of Total Imidacloprid in Vegetation. California Department of Food and Agriculture, Environmental Monitoring Section 1-8 (2002).

[206] J.A. Frew, C.E. Grue. Development of a new method for the determination of residues of the neonicotinoid insecticide imidacloprid in juvenile chinook (Oncorhynchus tshawytscha) using ELISA detection. Journal Environmental Monitoring 14, 1024–1034 (2012).

[207] P. Proenca, H. Teixeira, F. Castanheira, J. Pinheiro, et al. Two fatal intoxication cases with imidacloprid: LC/MS analysis. Forensic Science International 153, 75–80 (2005).

[208] J.M. Bonmatin, I. Moineau, R. Charvet, C. Flechet, et al. A LC/APCI- MS/MS method for analysis of imidacloprid in soils, in plants, and in pollens. Analytical Chemistry 75, 2027-2033 (2003).

[209] S. Totti, M. Fernández, S. Ghini, Y. Picó, et al. Application of matrix solid phase dispersion to the determination of imidacloprid, carbaryl, aldicarb, and their main metabolites in honeybees by liquid chromatography–mass spectrometry detection. Talanta 69, 724–729 (2006).

[210] M.P. Chauzat, P. Carpentier, A.C. Martel, S. Bougeard, et al. Influence of pesticide residues on honey bee (Hymenoptera: Apidae) colony health in France. Environmental Entomology 38, 429, 514-523 (2009).

[211] M.P. Chauzat, A.C. Martel, N. Cougoule, P. Porta, et al. An assessment of honeybee colony matrices, Apis mellifera (Hymenoptera: Apidae) to monitor pesticide presence in continental France. Environmental Toxicology Chemistry 30, 103-111 (2011).

[212] B.K. Nguyen, C. Saegerman, C. Pirard, J. Mignon, et al. Does Imidacloprid Seed-Treated Maize Have an Impact on Honey Bee Mortality? Journal Economic Entomology 102, 2, 616-623 (2009).

[213] R. Schöning. Analytical method for the determination of residues of imidacloprid, NTN 33893-437 5-hydroxy, and NTN 33893-olefin by HPLC with electrospray MS/MS-detection in plant- and other materials: honey, nectar, bees, wax, corn (pollen, leaves), rape (pollen, flowers, leaves), sunflowers (pollen, flowers, leaves), tree (leaves, flowers), horse chestnuts. Pflanz.-Nachr. Bayer, 54, 413- 441 (2001).

[214] R. Schöning, R. Schmuck. Analytical determination of imidacloprid and relevant metabolite residues by LC MS/MS. Bulletin Insectology 56, 41-50 (2003).

[215] C. Pirard, J. Widart, B.K. Nguyen, C. Deleuze, et al. Development and validation of a multi-residue method for pesticide determination in honey using on-column liquid–liquid extraction and liquid chromatography–tandem mass spectrometry. Journal of Chromatography A 1152, 116–123 (2007).

[216] L. Pareja, M. Colazzo, A. Pérez-Parada, S. Niell, et al. Detection of Pesticides in Active and Depopulated Beehives in Uruguay. International Journal of Environmental Research and Public Health 8, 3844-3858 (2011).

[217] M.D. Gil García, M. Martínez Galera, R. Santiago Valverde, A. Galanti, et al. Column switching liquid chromatography and post-column photochemically fluorescence detection to determine imidacloprid and 6-chloronicotinic acid in honeybees. Journal of Chromatography A, 1147, 17–23 (2007).

[218] H. Ma, Y. Xu, Q.X. Li, T. Xu, et al. Application of enzyme-linked immunosorbent assay for quantification of the insecticides imidacloprid and thiamethoxam in honey samples. Food Additives and Contaminants Part A, 26, 713-718 (2009).

[219] M. Anastassiades, S. Lehotay, D. Stajnbaher, F. Schenk. Fast and easy multiresidue method employing acetonitrile extraction/portioning and dispersive solid-phase extraction for the determination of pesticide residues in produce. Journal of AOAC International 86, 2, 412-431 (2003).

[220] G.D. Thompson, S.H. Hutchins, T.C. Sparks. Desarrollo de Spinosad y atributos de una nueva clase de productos para control de insectos. Dow AgroSciences. (Última visita 20 de junio de 2014)

[221] L-T, Yeh, D.A. Schwedler, G.E. Schelle, J.L. Balcer. Application of Empore Disk Extraction for Trace Analysis of Spinosad and Metabolites in Leafy Vegetables, Peppers, and Tomatoes by High-Performance Liquid Chromatography with Ultraviolet Detection. Journal Agricultural and Food Chemistry 45, 1746-1751 (1997).

[222] D. Zywitz. M. Anastassiades. E. Scherbaum. Simultaneous determination of macrocyclic lactone insecticides in fruits and vegetables using LC-MS/MS. Deutsche Lebensmittel-Rundschau 100, 140-150 (2004).

[223] E. Ueno. H. Oshima. H. Matsumoto. I. Saito. H. Tamura. Determination of Spinosad in Vegetables and Fruits by High-Performance Liquid Chromatography with UV and Mass Spectrometric Detection After Gel Permeation Chromatography and Solid-Phase Extraction Cleanup on a 2-Layered Column. Journal AOAC International 89, 6, 1641-1649 (2006).

[224] K. Mandal. G. Jyot. B. Singh. Dissipation Kinetics of Spinosad on Cauliflower (Brassica oleracea var. botrytis. L.) Under Subtropical Conditions of Punjab, India. Bulletin Environmental Contamination and Toxicology. 83, 808–811 (2009).

[225] S. Singh. R.S. Battu. Dissipation kinetics of spinosad in cabbage (Brassica oleracea L.var. capitata). Toxicological & Environmental Chemistry 94 (2), 319-326 (2012).

[226] S.D. West, L.G. Turner. Determination of Spinosad and Its Metabolites in Meat, Milk, Cream, and Eggs by High-Performance Liquid Chromatography with Ultraviolet Detection. Journal Agricultural and Food Chemistry 46, 4620-4627 (1998).

[227] B.S. Rutherford, R.C. Gardner, S.D. West, C.K. Robb, et al. Residues of Spinosad in Meat, Milk, and Eggs. Journal Agricultural and Food Chemistry 48, 4428-4431 (2000).

[228] D.A. Schwedler, A.D. Thomas, L-T Yeh. Determination of Spinosad and Its Metabolites in Food and Environmental Matrices. 2. Liquid Chromatography - Mass Spectrometry. Journal Agricultural and Food Chemistry 48, 5138-5145 (2000)

[229] S.D. West, L.G. Turner. Determination of Spinosad and Its Metabolites in Citrus Crops and Orange Processed Commodities by HPLC with UV Detection. Journal Agricultural and Food Chemistry 48, 366-372 (2000).

[230] C. Benincasa, E. Perri, N. Iannotta, S. Scalercio. LC/ESI–MS/MS method for the identification and quantification of spinosad residues in olive oils. Food Chemistry 125, 1116–1120 (2011).

[231] S.D. West. Determination of the Naturally Derived Insect Control Agent Spinosad and Its Metabolites in Soil, Sediment, and Water by HPLC with UV Detection. Journal Agricultural and Food Chemistry 45, 3107-3113 (1997).

[232] D.L. Young, C.A. Mihaliak, S.D. West, K.A. Hanselman. Determination of Spinosad and Its Metabolites in Food and Environmental Matrices. 3. Immunoassay Methods. Journal Agricultural and Food Chemistry 48, 5146-5153 (2000).

[233] S.D. West, L-T. Yeh, L.G. Turner, D. A. Schwedler. Determination of Spinosad and Its Metabolites in Food and Environmental Matrices. 1. High-Performance Liquid Chromatography

with Ultraviolet Detection. Journal Agricultural and Food Chemistry 48, 5131-5137 (2000).

[234] S.D. West. Determination of the Naturally Derived Insect Control Agent Spinosad in Cottonseed and Processed Commodities by High-Performance Liquid Chromatography with Ultraviolet Detection. Journal Agricultural and Food Chemistry. 44, 3170-3177 (1996).

[235] E. Ueno. H. Ohno. M. Watanabe. H. Oshima. E. Mikami. S. Nemoto. R. Matsuda. Analysis of Spinosad in Animal and Fishery Products by LC-MS. Journal of the Food Hygienic Society of Japan 52, 330-335 (2011).

# VII. ABREVIATURAS

| | |
|---|---|
| AcEt | Acetato de etilo |
| ACN | Acetonitrilo |
| APCI | Ionización Química a Presión Atmosférica |
| CAR | Centro Apícola Regional |
| CCD | Trastorno y colapso de las colonias |
| CV% | Coeficiente de variación porcentual |
| DAD | Detección por batería de diodos alineados |
| DLLME | Microextracción líquido-líquido dispersiva |
| EFSA | European Food Safety Authority |
| ESI | Ionización por Electro Spray |
| EtOH | Etanol |
| FAO | Food and Agriculture Organization (organización por los alimentos y la agricultura) |
| FIA | Análisis por inyección de flujo |
| FLD | Fluorescencia |
| GC | Cromatografía gaseosa |
| HPLC | Cromatografía líquida de alta eficacia |
| LC | Cromatografía líquida |
| LLE | Extracción líquido-líquido |
| LOD | Límite de detección |
| LOQ | Límite de cuantificación |
| MAE | Extracción asistida por microondas |
| MeOH | Metanol |
| MS | Espectrometría de masas |
| MS/MS | Espectrometría de masas en tandem |
| ND | No detectado |
| NQ | No cuantificado |
| AOAC | Association of Official Agricultural Chemists |
| OMS | Organización Mundial de la Salud |
| PSA | Amina primaria y secundaria |

| | |
|---|---|
| QuEChERS | Rápido, fácil, económico, eficaz, robusto y seguro (Quick, Easy, Cheap, Effective, Rugged and Safe). |
| r.p.m. | Revoluciones por minuto |
| RSD% | Porcentaje de desviación estándar relativa |
| SIM | Monitorización de ion seleccionado |
| SPE | Extracción en fase estacionaria |
| SFE | Extracción por fluidos supercríticos |
| USA | Estados Unidos de América |
| UHPLC | Ultra high performance liquid chromatography |
| UV | Ultravioleta |

## PUBLICACIONES DERIVADAS DE LA TESIS

Karen P. Yáñez, José L. Bernal, María J. Nozal, María T. Martín and José Bernal.
**DETERMINATION OF SEVEN NEONICOTINOID INSECTICIDES IN BEESWAX BY LIQUID CHROMATOGRAPHY COUPLED TO ELECTROSPRAY-MASS SPECTROMETRY USING A FUSED-CORE COLUMN**.
Journal of Chromatography A, 1285 (2013) 110– 117,

Karen P. Yáñez, José L. Bernal, María J. Nozal, María T. Martín and José Bernal.
**FAST DETERMINATION OF IMIDACLOPRID IN BEESWAX BY LIQUID CHROMATOGRAPHY. COUPLED TO ELECTROSPRAY-MASS SPECTROMETRY.**
Current Analytical Chemistry (2013) 9 (3) 495-503,

Karen P. Yáñez, José L. Bernal, María J. Nozal, María T. Martín and José Bernal.
**TRACE ANALYSIS OF SEVEN NEONICOTINOID INSECTICIDES IN BEE POLLEN BY SOLID-LIQUID EXTRACTION AND LIQUID CHROMATOGRAPHY ELECTROSPRAY MASS SPECTROMETRY.**
Food Analytical Methods 7, 2 (2014), 490 – 499,

Karen P. Yáñez, José L. Bernal, María J. Nozal, María T. Martín and José Bernal. **ANALYSIS OF SPINOSAD RESIDUES IN BEE POLLEN AND BEESWAX BY SOLID-LIQUID EXTRACTION AND LIQUID CHROMATOGRAPHY-ELECTROSPRAY MASS SPECTROMETRY**.
Journal of Separation Science (2014), 37, 204–210,

Kolibri 360 GmbH
Ferdinand-Jühlke-Straße 7
99095 Erfurt, Deutschland
produktsicherheit@kolibri360.de

Druck:
CPI Druckdienstleistungen GmbH
im Auftrag der
Kolibri 360 GmbH
Ferdinand-Jühlke-Str. 7
99095 Erfurt